21 世纪全国高职高专电子信息系列技能型规划教材

可编程逻辑器件应用技术

主　编　魏　欣　李立早
参　编　顾　斌　李　玲
主　审　于宝明

北京大学出版社
PEKING UNIVERSITY PRESS

内 容 简 介

本书根据国家骨干高职院校建设项目要求，结合编者多年的课程教学改革经验，在校企合作典型案例的基础上进行编写。本书内容共分为 4 个学习情境：学习情境 1 是初识可编程逻辑器件与开发系统；学习情境 2 是认识 VHDL 语言；学习情境 3 是数字系统常用模块设计；学习情境 4 是应用系统设计实战。

本书以培养应用型技能人才为目标，遵循"够用为度，教、学、做合一"的理念，从培养学生的操作技能出发，结合工作任务，采用项目教学法，围绕本领域所需具备的职业能力展开讨论。在对每一学习情境的阐述过程中，结合实际工程项目，针对工程项目的实际设计所需要的知识点展开分析，实用性强。

本书脉络清晰，内容通俗易懂，图文并茂，可作为高职高专院校电子信息技术、计算机控制技术等专业的教材，也可作为应用型本科、成人教育、自学考试、电视大学、中职学校相关课程的教材，同时也是从事可编程逻辑器件工程研发工作的技术人员的一本好参考书。

图书在版编目(CIP)数据

可编程逻辑器件应用技术/魏欣，李立早主编．—北京：北京大学出版社，2014.8
(21 世纪全国高职高专电子信息系列技能型规划教材)
ISBN 978-7-301-24624-5

Ⅰ．①可… Ⅱ．①魏…②李… Ⅲ．①可编程序控制器—高等职业教育—教材 Ⅳ．①TP332.3

中国版本图书馆 CIP 数据核字(2014)第 185291 号

书　　　　名：	可编程逻辑器件应用技术
著作责任者：	魏　欣　李立早　主编
策 划 编 辑：	邢　琛
责 任 编 辑：	李娉婷
标 准 书 号：	ISBN 978-7-301-24624-5/TN·0115
出 版 发 行：	北京大学出版社
地　　　　址：	北京市海淀区成府路 205 号　100871
网　　　　址：	http://www.pup.cn　新浪官方微博：@北京大学出版社
电 子 信 箱：	pup_6@163.com
电　　　　话：	邮购部 62752015　发行部 62750672　编辑部 62750667　出版部 62754962
印　刷　者：	北京飞达印刷有限责任公司
经　销　者：	新华书店
	787 毫米×1092 毫米　16 开本　12.25 印张　288 千字
	2014 年 8 月第 1 版　2014 年 8 月第 1 次印刷
定　　　　价：	26.00 元

未经许可，不得以任何方式复制或抄袭本书之部分或全部内容。
版权所有，侵权必究
举报电话：010-62752024　电子信箱：fd@pup.pku.edu.cn

前　言

本书根据国家骨干高职院校建设项目要求进行编写，以物联网应用技术专业为重点，带动电子信息技术、计算机控制技术、无线电技术等专业群的建设。编写本书的主要目的是贯彻"服务全体学生、服务地方经济、服务信息产业"的办学宗旨，在"围绕市场办学校，依托行业设专业，根据目标定课程，强化素质育人才"的人才培养思路指导下，着力培养掌握现代电子技术的高端技能型人才。在"岗位主导、德能并重、产教结合、学做一体"的人才培养主模式下，我们按照"以能力为本位，以职业实践为主线，以项目课程为主体的模块化专业课程体系"的总体设计要求，以形成具有灵活应用常用数字集成电路实现逻辑功能的能力为基本目标，彻底打破学科课程的设计思路，紧紧围绕工作任务完成的需要来选择和组织课程内容，突出工作任务与知识的联系，让学生在职业实践活动的基础上掌握知识，增强课程内容与职业岗位能力要求的相关性，提高学生的就业能力。学习项目选取的基本依据是该门课程涉及的工作领域和工作任务范围，但在具体设计过程中，还根据企业典型产品为载体，使工作任务具体化，产生了具体的学习项目。本书编排依据是该职业所特有的工作任务逻辑关系，而不是知识关系，使行业主导、校企合作的思想贯穿到人才培养和课程改革的全过程中。

本书包括 4 个学习情境，学习情境 1 是初识可编程逻辑器件与开发系统，主要介绍 EDA 开发软件 ISE 的使用、原理图输入法、层次化的设计思路和实现方法，通过技能训练熟练掌握软件的操作；学习情境 2 是认识 VHDL 语言，主要介绍 VHDL 语言的基本结构、顺序语句、并行语句等，通过技能训练掌握常用的组合逻辑电路模块和时序逻辑电路模块的实现方法；学习情境 3 是数字系统常用模块设计，主要包括运算模块、分频模块、显示模块、脉冲宽度调制模块与有限状态机的实现；学习情境 4 是应用系统设计实战，主要包括数字钟系统、频率计系统与温度采集系统的设计与实现。

本书的主要特点如下。

(1) 根据国家骨干高职院校建设项目要求与人才培养目标，紧紧围绕本专业的职业能力训练安排书中内容。

(2) 结合工作任务，在每一个学习情境的阐述过程中，结合工程项目的实际设计所需要的知识点和技能展开分析，实用性强，是指导学生工程实践的必修内容。

本书配有免费的电子教学课件和示例源程序。

本书由南京信息职业技术学院魏欣、李立早主编，顾斌、李玲参编。本书学习情境 2、学习情境 4 由魏欣编写；学习情境 1、学习情境 3 由李立早编写；全书由魏欣负责统一定稿。在本书的编写过程中，南京信息职业技术学院顾斌副教授、李玲副教授对本书提出了许多宝贵的意见；上海德致伦电子科技有限公司和依元素科技有限公司提供了大量丰富的工程设计实例。在本书提纲编写过程中，南京信息职业技术学院电子信息学院于宝明院长在高职教学理念上给予作者极大的启发。上述专家和企业均为本书的出版做出了重要贡献，在此表示衷心的感谢。

本书参考了大量的著作和文献，并引用了部分资料，除在参考文献中列出外，在此一并向相关作者表示衷心的感谢。

由于可编程逻辑器件相关新技术、新材料的不断发展和进步，加之时间仓促，书中难免有疏漏之处，恳请广大读者批评指正。

编　者
2014 年 5 月

目 录

学习情境 1　初识可编程逻辑器件与开发系统 1

　任务 1.1　初识 EDA 技术 2
　　1.1.1　EDA 技术的定义和发展 2
　　1.1.2　Altera 公司 CPLD 芯片和
　　　　　FPGA 芯片介绍 3
　　1.1.3　Xilinx 公司 CPLD 芯片和
　　　　　FPGA 芯片介绍 4
　　1.1.4　EDA 的设计步骤 6
　　1.1.5　TOP-DOWN 设计方法 8
　任务 1.2　基于原理图实现的门电路的
　　　　　设计 9
　　1.2.1　ISE 集成开发环境的使用 9
　　1.2.2　ISE Foundation 软件介绍 11
　任务 1.3　基于原理图实现的 4 位
　　　　　全加器的设计 30
　知识梳理与总结 48
　习题 1 48

学习情境 2　认识 VHDL 语言 49

　任务 2.1　简单组合电路的 VHDL 描述 50
　　2.1.1　VHDL 语言简介 50
　　2.1.2　VHDL 的基本结构 56
　　2.1.3　Testbench 设计方法 61
　任务 2.2　简单时序电路的 VHDL 描述 67
　　2.2.1　并行语句 69
　　2.2.2　数据对象 72

　　2.2.3　顺序语句 75
　　2.2.4　VHDL 运算符 81
　任务 2.3　含有层次结构的 VHDL 描述 86
　任务 2.4　存储器的 VHDL 描述 91
　　2.4.1　VHDL 数据类型 92
　　2.4.2　子程序 96
　知识梳理与总结 98
　习题 2 99

学习情境 3　数字系统常用模块设计 100

　任务 3.1　运算电路设计 101
　任务 3.2　七段 LED 数码管显示电路
　　　　　设计 111
　任务 3.3　任意分频比分频器的设计 124
　任务 3.4　脉冲宽度调制器的设计 126
　任务 3.5　有限状态机的设计 135
　知识梳理与总结 151
　习题 3 151

学习情境 4　应用系统设计实战 152

　任务 4.1　可编程器件应用系统的
　　　　　设计步骤 153
　任务 4.2　系统的设计层次与描述方式 ... 155
　任务 4.3　实用应用系统设计 157
　知识梳理与总结 180

附录 A　VHDL 快速参考指南 181

附录 B　Nexys 3 开发板 184

参考文献 189

学习情境 1

初识可编程逻辑器件与开发系统

 教学导航

学习任务	任务 1.1　初识 EDA 技术 任务 1.2　基于原理图实现的门电路的设计 任务 1.3　基于原理图实现的 4 位全加器的设计
能力目标	了解 EDA 技术的定义和发展 了解 Altera 公司和 Xilinx 公司及其相关 FPGA 产品 了解 EDA 的设计步骤，掌握自顶向下的设计方法 熟悉 ISE 集成开发环境，掌握原理图设计方法
参考学时	12

知识分布网络

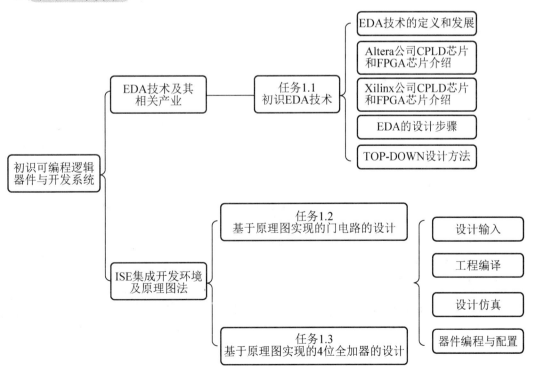

任务 1.1　初识 EDA 技术

1.1.1　EDA 技术的定义和发展

电子设计自动化(Electronic Design Automation，EDA)是指利用计算机辅助设计(CAD)软件，来完成超大规模集成电路芯片的功能设计、综合、验证、物理设计(包括布局、布线、版图、设计规则检查等)等流程的设计方式。

可大致将 EDA 技术的发展历史分为以下 4 个阶段。

(1) 计算机辅助设计(CAD)：20 世纪 70 年代，在集成电路制作方面，可编程逻辑技术及其器件已经问世，计算机作为一种运算工具已在科研领域得到广泛应用。到了 20 世纪 70 年代后期，CAD 的概念已初见雏形，人们开始将产品设计过程中具有高度重复性的工作(例如画图布线等工作)，用图形处理 CAD 软件工具代替，其中具有代表性的工具是澳大利亚 Protel Technology 公司开发的 Tango 布线软件。但由于布线画图软件受到当时计算机工作平台的限制，其性能一般，支持的工程也有限。这一阶段是 EDA 技术发展的初期。

(2) 计算机辅助工程设计(CAED)：20 世纪 80 年代，集成电路设计进入了 CMOS 时代，复杂可编程逻辑器件已进入商业应用，相应的辅助设计软件也已投入使用。在 20 世纪 80 年代末，出现了具备自动综合能力的 CAED 工具，在印刷电路板设计方面的逻辑图输入、自动布局布线和印刷电路板分析以及在数字系统设计方面的逻辑设计、逻辑仿真、逻辑方程综合和化简等，都担任了重要的角色。特别是各种硬件描述语言的出现，为电子设计自动化解决了电路建模、标准文档及仿真测试等问题。但是，CAED 阶段的软件工具是从逻辑图出发，设计数字系统必须提供具体的元件图形，制约了优化设计，难以适应复杂的数字系统设计。

(3) 电子设计自动化(EDA)：20 世纪 90 年代，集成电路设计工艺步入了超深亚微米阶段，集成百万个逻辑门以上的大规模可编程逻辑器件的陆续面世，以及基于计算机技术的面向用户、低成本、大规模、ASIC(专用集成电路)设计技术的应用，促进了 EDA 技术的形成。各大电子器件公司对于兼容各种硬件实现方案和支持标准硬件描述语言的 EDA 工具软件的研究，有效地将 EDA 技术推向成熟。这个阶段发展起来的 EDA 工具，目的是在设计前期将设计师从事的许多高层次设计工作由软件工具完成，可以将用户的要求转换为设计技术规范，能够有效地解决可用的设计资源与理想设计目标之间的矛盾，按具体的硬件、软件和算法分解设计等。

(4) 可编程片上系统(SOPC)的开发：进入 21 世纪后，EDA 工具是以系统级别设计为核心，包括系统行为级描述与结构综合、系统仿真与测试验证、系统划分与指标分配、系统决策与文件生成等一整套的电子系统设计自动化工具。这时的 EDA 工具不仅具有电子系统设计能力，还能提供独立于工艺和厂家的系统级设计能力，具有高级抽象的设计构思手段。随着达数百万门高密度的可编程逻辑器件的出现，系统设计者能够将整个数字系统实现在一个可编程芯片上，即 SOPC。

1.1.2 Altera 公司 CPLD 芯片和 FPGA 芯片介绍

Altera 公司自从 1983 年发明世界上第一个可编程逻辑器件以来，一直保持着创新的传统，是世界上"可编程芯片系统"(SOPC)解决方案的倡导者。Altera 公司总部位于美国加利福尼亚州的圣·何塞，并在全球的 14 个国家中拥有 3129 名员工。Altera 公司将其发明的可编程逻辑技术与软件工具、IP 和设计服务相结合，向全世界近 14000 家客户提供可编程解决方案。

Altera 公司一直在可编程系统级芯片(SOPC)领域中处于前沿和领先的地位，结合带有软件工具的可编程逻辑技术、知识产权(IP)和技术服务，在世界范围内为众多客户提供高质量的可编程解决方案。Altera 公司可编程解决方案包括以下几个方面。

(1) 业内最先进的 FPGA、CPLD 和结构化 ASIC 技术。
(2) 全面内嵌的软件开发工具。
(3) 最佳的 IP 内核。
(4) 可定制嵌入式处理器。
(5) 现成的开发包。
(6) 专家设计服务。

Altera 公司近年在可编程器件领域内取得率先创新包括以下几个方面。

(1) 发布了业界第一个 FPGA 和 SoC FPGA 的开放计算语言(OpenCL™)标准开发计划。OpenCL 计划结合 FPGA 的并行能力以及 OpenCL 标准，实现了系统加速功能。

(2) 将含有处理器、外设和 100Gbps 高性能互联的双核 ARM® Cortex™-A9 MPCore™ 硬核处理器系统(HPS)集成到 28nm 低功耗(28LP) FPGA 架构中。

(3) 可编程器件中的直接光学接口将有效提高网络带宽和端口密度，同时降低了系统复杂度、成本和功耗。

(4) 推出了全新一代的 SOPC 产品：Cyclone® V FPGA、新的 Arria® V FPGA、增强 Stratix® V FPGA 和 HardCopy® V ASIC，在不牺牲任何性能、功耗或者成本的前提下，满足客户的多重需求。

Altera 公司提供的主要 FPGA 和 CPLD 器件见表 1-1。

表 1-1 Altera 公司提供的主要 FPGA 和 CPLD 器件

低成本 FPGA	Cyclone Series	低系统成本和低功耗 FPGA 集成收发器系列 综合设计保护	Cyclone Ⅴ、Cyclone Ⅳ Cyclone Ⅲ、Cyclone Ⅱ
中端 FPGA	Arria Series	均衡成本，功耗和高性能 FPGA 集成收发器系列 综合设计保护	Arria Ⅴ、Arria Ⅱ Arria GX
高端 FPGA	Stratix Series	高带宽，高密度 FPGA 集成收发器系列 设计完整的可编程芯片系统	Stratix Ⅴ、Stratix Ⅳ Stratix Ⅲ、Stratix Ⅱ

| 低端 CPLD | | 有史以来成本最低的 CPLD 对便携式应用而言功耗最低 瞬时接通单芯片解决方案 | MAX Ⅴ、MAX Ⅱ MAX |

除此之外，Altera 公司还提供了 EDA 设计和仿真软件，如 Quartus Ⅱ 设计软件、DSP Builder、ModelSim-Altera 软件。为了简化设计人员的工作难度，Altera 公司还根据本公司 FPGA 的特点提供了大量的知识产权模块(IP 核)。

1.1.3　Xilinx 公司 CPLD 芯片和 FPGA 芯片介绍

赛灵思(Xilinx)公司是 All Programmable FPGA、SoC 和 3D IC 的全球领先供应商，其产品超越了传统可编程逻辑，实现了硬件与软件的全面可编程；集成了数字、模拟混合信号处理功能；同时，无论在单芯片或是多芯片的 3D IC 上实现了全新层次的可编程内部互联。这些行业领先的器件与新一代设计环境以及 IP 完美地整合在一起，可满足客户对可编程逻辑乃至可编程系统集成的广泛需求。

自 1985 年赛灵思向市场推出全球首款现场可编程门阵列 (FPGA)以来，成千上万的设计工程师充分利用其卓越的灵活性、可重复编程性、功能性和出色的高性能及高容量构建了各种令人称赞的创新型产品，使我们的日常生活质量获得了显著的改善。由于其固有的灵活性，赛灵思屡获殊荣的可编程解决方案，包括硅片、软件、IP、评估板以及参考设计等被全球 20000 多家客户竞相用于以下几个方面。

(1) 几周内即可推出创新产品。

(2) 极大地降低研发成本。

(3) 轻松替换或升级终端产品特性和功能，满足最新的市场需求并适应行业标准的不断变化。

如今，赛灵思可编程芯片的应用领域非常广泛，其中包括挽救生命的医疗系统、面向无线计算和移动应用的 IT 设备、高清及 3D 电视、汽车导航、驾驶员辅助与信息娱乐系统、视频监控摄像系统等。

在 28nm 工艺上，赛灵思已经远远超越了其可编程逻辑原始的意义，全力以赴投入到 All Programmable 技术、器件和设计方法的开发上，帮助设计工程师构建先进的 All Programmable 的电子系统。时至今日，赛灵思的产品组合包括各种形式的可编程技术：超越了硬件进入软件，超越了数字进入模拟，超越了单芯片进入了 3D 堆叠芯片。赛灵思把以下各种技术集成到了其可扩展的、面向市场而优化的 All Programmable 器件产品系列。

1. 28nm HPL(高性能，低功耗)工艺

赛灵思与台积电合作，创新性地开发并打造了 28nm HPL 工艺。28nm HPL 工艺是一种低功耗的、采用与 HP 工艺相同的高 K 金属栅极技术、可同时降低静态和动态功耗高达 40%的工艺技术。HPL 工艺具备低漏电和高性能的特性，是可编程逻辑器件的理想之选。

2. 堆叠硅片互联技术(SSI)

赛灵思已经超越了摩尔定律，引领半导体产业迈向 3D IC。赛灵思革命性的技术"堆叠硅片互联技术"可以使多个裸片在一颗芯片上完美集成，并把片间每瓦带宽提升了 100 倍。SSI 技术实现了更高的系统集成和性能。

3. ALL Programmable SoC 技术

Zynq™-7000 系列是赛灵思推出的业界首款 All Programmable SoC 平台。该系列产品将业界领先的 ARM®双核 Cortex™-A9 MPCore™处理系统与赛灵思 28nm 可编程逻辑集成在一颗芯片上，为客户提供了 FPGA 的硬件可编程与基于微处理器的软件可编程的完美融合。

4. 最好的 SerDes

赛灵思提供业界最高带宽的可编程器件，具有最佳的抖动、均衡范围。Virtex®-7 HT FPGA 前所未有地集成了 16 个 28Gb/s 以及 72 个 13.1Gb/s 串行收发器，是行业唯一能满足关键 N×100G 和 400G 线路卡应用功能要求的单芯片解决方案。赛灵思 SerDes 提供了业界最好的系统级性能与误码率(BER)。

5. 灵活混合信号(AMS)处理

赛灵思灵活混合信号解决方案包括双可编程的 1MSPS 12 位模数转换器。除了通用模拟集成，XADC 技术还集成了温度和电压传感器，可大幅提高 FPGA 的可靠性、保密性和安全性。

6. 面向下一代设计

赛灵思提供了一个开放的、专注于可编程逻辑与系统集成的下一代设计系统，可将设计生产力提升 4 倍。下一代设计系统包括一个具有快速验证的 IP 与系统为中心的前端流程以及一个可以实现快速、分层的设计收敛的后端流程。所有的工具和 IP 可以共享同一个集成设计环境以及通用数据模型。

赛灵思提供的 FPGA 器件包括众多产品系列，各系列最高端产品工艺水平如图 1.1 所示。

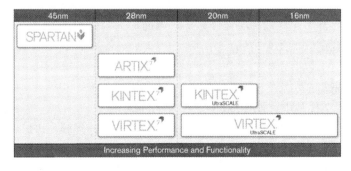

图 1.1 赛灵思 FPGA 芯片工艺水平节点

各系列产品性能对比见表1-2。

表1-2 赛灵思FPGA系列产品性能对比

	Spartan-6	Artix-7	Kintex-7	Virtex-7
逻辑单元	150 000	215 000	480 000	2 000 000
BlockRAM	4.8Mb	13Mb	34Mb	68Mb
DSP Slice	180	740	1 920	3 600
DSP性能	140GMACs	930GMACs	2 845GMACs	5 335GMACs
收发器数量	5	16	32	96
收发器速度	3.2Gb/s	6.6Gb/s	12.5Gb/s	28.05Gb/s
总收发器带宽	50Gb/s	211Gb/s	800Gb/s	2 784Gb/s
存储器接口	800Mb/s	1 066Mb/s	1 866Mb/s	1 866Mb/s
PCI Express®	x1 Gen1	x4 Gen2	x8 Gen2	x8 Gen3
模拟混合信号		有	有	有
配置AES	有	有	有	有
I/O引脚	576	500	500	1200
I/O电压	1.2V、1.5V、1.8V、2.5V、3.3V	1.2V、1.35V、1.5V、1.8V、2.5V、3.3V	1.2V、1.35V、1.5V、1.8V、2.5V、3.3V	1.2V、1.35V、1.5V、1.8V、2.5V、3.3V

除了FPGA器件外，赛灵思公司也提供了CPLD器件，如CoolRunner-ⅡCPLD。另外，赛灵思还提供了用于SOPC系统设计的开发工具套件，如ISE Design Suite、Vivado Design Suite等。同样，赛灵思公司为了满足用户的一般需求以及市场的特殊需求，减轻设计难度，也推出了大量的知识产权模块(IP核)，供用户直接调用。

1.1.4 EDA的设计步骤

1. 传统的电子系统设计方法

传统的电子系统设计一般基于电路板设计，采用自底向上的设计方法。系统硬件的设计从选择具体逻辑元器件开始，再用这些元器件进行逻辑电路设计，完成系统各独立功能模块设计，然后将各功能模块连接起来，完成整个系统的硬件设计，如图1.2所示。

从最低层设计开始，到最高层设计完毕，因而称为自底向上的设计方法。这种设计方法的主要特征表现在以下几个方面。

(1) 采用通用的逻辑元器件。
(2) 仿真和调试在系统设计后期进行。
(3) 主要设计文件是电路原理图。

采用传统的设计方法，熟悉硬件的设计人员凭借其设计经验，可以在很短的时间内完成各个子电路模块的设计。而由于一般的设计人员对系统的整体功能把握不足，使得将各个子模块进行组合构建→完成系统调试→实现整个系统的功能所需的时间比较长，并且使用这种方法对设计人员之间相互协作有比较高的要求。

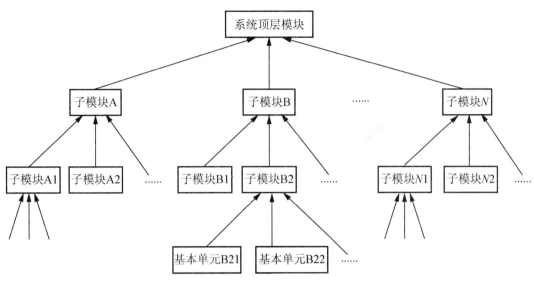

图 1.2　自底向上设计方法示意图

2. 现代电子系统设计方法

20 世纪 80 年代初，在硬件电路设计中开始采用计算机辅助设计(Computer Aided Design，CAD)技术。最初仅仅是利用计算机软件来实现印制板的布线，之后实现了插件板级规模的电子电路的设计和仿真。

随着大规模可编程逻辑器件 FPGA/CPLD 的发展，各种新兴 EDA 工具的出现，传统的电路板设计开始转向基于芯片的设计。基于芯片的设计不仅可以通过芯片设计实现多种数字逻辑系统功能，而且由于引脚定义的灵活性，大大减少了电路图设计和电路板设计的工作量，提高了设计效率，增强了设计的灵活性；同时减少了芯片的数量，缩小了系统体积，提高了系统的可靠性。因此，基于芯片的设计方法目前正在成为现代电子系统设计的主流。

新的基于芯片的设计采用自顶向下(Top-Down)的设计方法，就是从系统总体要求出发，自上而下地逐步将设计内容细化，最后完成系统硬件的整体设计，如图 1.3 所示。

这种设计方法的主要特征如下。

(1) 采用 FPGA/CPLD，电路设计更加合理，具有开放性和标准化。

(2) 采用系统设计早期仿真。

(3) 主要设计文件是用硬件描述语言 HDL(Hardware Description Language)编写的源程序。

采用这种设计方法，在设计周期伊始就做好了系统分析、系统方案的总体论证，将系统划分为若干个可操作模块，进行任务和指标分配，对较高层次模块进行功能仿真和调试，所以能够早期发现结构设计上的错误，避免设计工作的浪费，帮助设计人员避免不必要的重复设计，提高了设计的一次成功率。

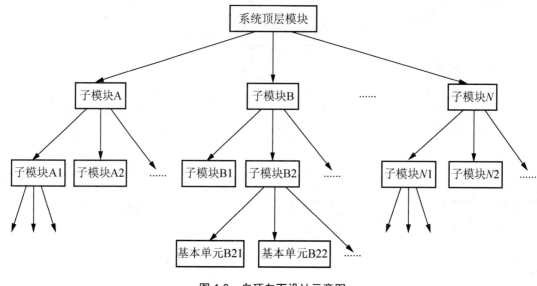

图 1.3 自顶向下设计示意图

1.1.5 TOP-DOWN 设计方法

自顶向下设计流程，包括如下设计阶段。

(1) 提出设计说明书。即用自然语言表达系统项目的功能特点和技术参数等。

(2) 建立 VHDL 行为模型。就是用一定的逻辑手段将设计说明书表达出来，即转化为 VHDL 行为模型。结合到 VHDL 行为模型描述，就是要进行源程序的编辑和编译。在这一项目的表达中，可以使用 IEEE 标准的 VHDL 的所有语句而不必考虑可综合性，这一建模行为的目标是通过 VHDL 仿真器对整个系统进行系统行为仿真和性能评估。利用 EDA 技术进行一项工程设计，首先需要利用 EDA 工具的文本编辑器或图形编辑器将它用文本方式或图形方式表达出来。然后进行排错编译，变成 VHDL 文件格式，为进一步的逻辑综合做准备。

源程序输入方式常用的有 4 种。

① 原理图输入方式。利用 EDA 工具提供的图形编辑器以原理图的方式进行输入。原理图输入方法比较容易掌握，而且直观方便，所画的电路原理图与传统的元器件连接方式完全一样。在编辑器中有许多现成的单元器件可以利用，自己也可以根据需要设计元件。但是原理图输入法有它的优点的同时也有它的缺点。伴随着设计规模的增大，原理图设计的易读性很差，对于图中密密麻麻的电路边线极难搞清电路的实际功能。一旦完成设计，电路结构的改变将是十分困难的，因而没有可再利用的设计模块。移植困难、交流困难、设计交付困难，因为不存在一个标准化的原理图编辑器。

② 状态图输入方式。以图形的方式表示状态图进行输入。当填好时钟信号名、状态转换条件、状态机类型等要素后就可以自动生成 VHDL 程序。这种设计方式可以简化状态机的设计。

③ VHDL 软件文本输入方式。最一般化、最具普遍性的输入方法。任何支持 VHDL

的 EDA 工具都支持文本的编辑和编译。文本的输入方式完全克服了原理图输入方式的缺点，便于修改，便于阅读，很容易移植，设计模块可以再利用，而且都完全遵循 IEEE 的标准。

④ 波形图输入方式。是以电路的时序图的方式表示电路的结构流程。

在行为模型的建立过程中，如果最终的系统中包括目标 ASIC 或 FPGA 以外的电路器件。如 RAM、ROM、接口器件或某种单片机，也同样能建立一个完整统一的系统行为模型而进行整体仿真。这是因为可以根据这些外部器件的功能特性设计出 VHDL 的仿真模型，然后将它们并入主系统的 VHDL 模型中。现有的 PCI 总线模型大多是既可仿真，又可综合的。

(3) 逻辑仿真。逻辑仿真分为行为仿真、VHDL、RTL 级建模、前端功能仿真。VHDL 行为仿真这一阶段可以利用 VHDL 仿真器(如 ModelSim)对顶层系统的行为模型进行仿真测试。检查模拟结果，继而进行修改和完善。这一过程与最终实现的硬件没有任何关系，也不考虑硬件实现中的细节，测试结果主要是对系统纯功能行为的考察，其中许多 VHDL 的语句表达主要是为了解系统各种条件下的功能特性，而不可能用真实的硬件来实现。

(4) 逻辑综合。使用逻辑综合工具将 VHDL 行为级描述转化为结构化的门级电路。在 ASIC 设计中，门级电路可以由 ASIC 库中的基本单元组成。

(5) 测试向量生成。对 ASIC 的测试向量文件是综合器结合含有版图硬件特性的工艺库后产生的，用于对 ASIC 的功能测试。

(6) 功能仿真和结构综合。利用获得的测试向量对 ASIC 的设计系统的子系统的功能进行仿真。综合产生表达逻辑连接关系的网表文件，结合具体的目标硬件进行标准单元调用、布局、布线和满足约束条件的结构优化配置。

(7) 时序仿真。在计算机上了解更接近硬件目标器件工作的功能时序。对于 ASIC 设计而言，被称布局后仿真。在这一步，将带有从布局布线得到的精确时序信息映射到门级电路重新进行仿真，以检查电路时序，并对电路功能进行最后检查。

(8) 硬件测试。所谓的硬件测试，就是 FPGA 或 CPLD 直接用于应用系统的设计中，将下载文件下载到 FPGA 后，对系统的设计进行的功能检测的过程。这是对最后完成的硬件系统(如 ASIC 或 FPGA)进行检查和测试。

与其他的硬件描述语言相比，VHDL 具有较强的行为仿真级与综合的建模功能，这种能远离具体硬件，基于行为描述方式的硬件描述语言恰好满足典型的自顶向下设计方法，因而能顺应 EDA 技术发展的趋势，解决现代电子设计应用中出现的各类问题。

任务 1.2　基于原理图实现的门电路的设计

1.2.1　ISE 集成开发环境的使用

ISE Design Suite 是 Xilinx 公司提供的 FPGA 设计工具套装，涉及了 FPGA 设计的各个应用方面，包括逻辑开发、数字信号处理系统以及嵌入式系统开发等。FPGA 开发的主要应用领域，主要包括以下几个方面。

(1) ISE Foundation：集成开发工具。

(2) EDK：嵌入式开发套件。

(3) DSP_TOOLS：数字信号处理开发工具。

(4) ChipScope Pro：在线逻辑分析仪工具。

(5) PlanAhead：用于布局和布线等设计分析工具。

ISE Design Suite 各功能如图 1.4 所示。

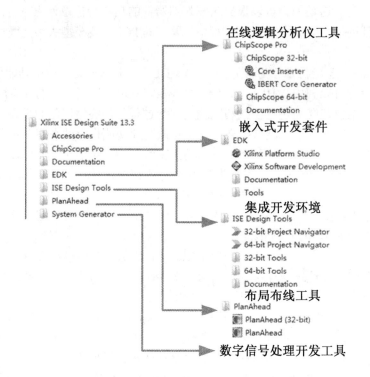

图 1.4　ISE Design Suite 功能简介

1. ISE Foundation 软件

ISE Foundation 软件是 Xilinx 公司推出的 FPGA/CPLD 集成开发环境，不仅包括逻辑设计所需的一切，还具有简便易用的内置式工具和向导，使得 I/O 分配、功耗分析、时序驱动设计收敛、HDL 仿真等关键步骤变得容易而直观。

2. 嵌入式设计工具 EDK 软件

嵌入式设计工具(Embedded Design Kit，EDK)是 Xilinx 公司推出的 FPGA 嵌入式开发工具，包括：嵌入式硬件平台开发工具(Xilinx Platform Studio，XPS)，嵌入式软件开发工具(Software Platform Studio SDK)。

支持嵌入式 IBM PowerPC 硬件处理器核、Xilinx MicroBlaze 软处理器核、(新版本支持 ARM Cortex-A9 硬核处理器)，以及开发所需的技术文档和 IP，为设计嵌入式可编程系统提供了全面的解决方案。

3. System Generator 软件

Xilinx 公司推出了简化 FPGA 数字处理系统的集成开发工具 System Generator，快速、简易地将 DSP 系统的抽象算法转化成可综合的、可靠的硬件系统，为 DSP 设计者扫清了编程的障碍。System Generator 和 Mathworks 公司的 Matlab 软件中的 Simulink 工具箱实现无缝连接。

4. ChipScope Pro 软件

Xilinx 公司推出了在线逻辑分析仪，通过软件方式为用户提供稳定和方便的解决方案。该在线逻辑分析仪不仅具有逻辑分析仪的功能，而且成本低廉、操作简单，因此具有极高的实用价值。

ChipScope Pro 既可以独立使用，也可以在 ISE 集成环境中使用，非常灵活，为用户提供方便和稳定的逻辑分析解决方案，支持 Spartan 和 Virtex 全系列 FPGA 芯片。

ChipScope Pro 将逻辑分析器、总线分析器和虚拟 I/O 小型软件核直接插入到用户的设计当中，可以直接查看任何内部信号和节点，包括嵌入式硬或软处理器。

5. PlanAhead 软件

PlanAhead 工具简化了综合与布局布线之间的设计步骤，能够将大型设计划分成较小的、更易于管理的模块，并集中精力优化各个模块。

此外，还提供了一个直观的环境，为用户设计提供原理图、平面布局规划或器件图，可快速确定和改进设计的层次，以便获得更好的结果和更有效地使用资源，从而获得最佳的性能和更高的利用率，极大地提升了整个设计的性能和质量。

1.2.2　ISE Foundation 软件介绍

下面重点介绍一下 FPGA 开发的最常用集成环境 ISE Foundation。ISE Foundation 的主界面如图 1.5 所示。

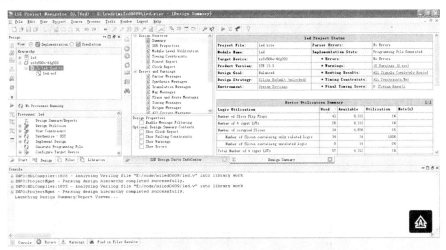

图 1.5　ISE Foundation 主界面

ISE 的主界面可以分为 4 个子窗口。在主界面窗口的左上部分是设计(Design)面板，其中包括：Start、Design、Files 和 Libraries 选项卡，通过选择不同的选项卡来显示和访问工程的源文件，以及访问当前所选源文件的运行处理。

1. Start 选项卡

提供了快速访问打开的工程和经常访问的参考资料、文件和教程。

2. 设计(Design)选项卡

设计选项卡提供了到 View、Hierarchy 和 Processes 面板的访问功能，如图 1.6 所示。

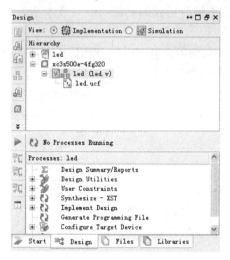

图 1.6　设计(Design)面板

1) 观看(View)面板

图 1.7 所示为观看(View)面板的单选按钮，使设计者能在层次(Hierarchy)面板下查看与实现(Implementation)或者仿真(Simulation)设计流程相关的源文件模块。

图 1.7　View 面板

如图 1.8 所示，如果设计者选择了仿真，则必须从下拉列表框中选择一个仿真的阶段。

(1) Post-Translate(综合后)。

(2) Post-Map(映射后)。

(3) Post-Route(布线后)。

通常我们只进行 Post-Translate(综合后)仿真。

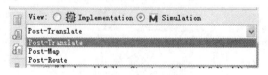

图 1.8　Simulation 选项

2) 层次(Hierarchy)面板

如图1.9所示，层次面板显示了工程的名字、目标器件、用户文档和图1.9 View 面板选择设计流程相关的设计源文件。在设计选项卡中，允许设计者只查看与所选择设计流程(实现或者仿真)相关的那些文件。

层次面板中的每个文件都有一个相关的图标。图标表示了文件的类型(HDL 文件，原理图，IP 核或者文本文件)。

如图1.9所示，如果文件包含一个底层次，则图标的左边前加"+"符号。通过单击"+"符号，可以展开层次。通过鼠标左键双击图1.9中的文件名，可以打开文件进行编辑。

3) 处理(Processes)面板

如图1.10所示，处理面板对上下文敏感，基于在 Source 面板中所选的源文件的类型变化处理面板的内容。从处理面板中，设计者可以运行功能，这些功能用来定义、运行和分析设计。处理面板提供了下面的功能。

图1.9 层次(Hierarchy)面板

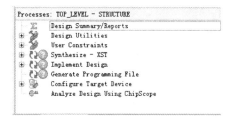
图1.10 处理(Processes)面板

(1) Design Summary/Reports(设计总结/报告)。

用于访问设计报告、消息和结果数据的总结，也能执行消息过滤器。

(2) Design Utilities(设计实用工具)。

用于访问符号生成、例化模板，察看命令行历史和仿真库编译。

(3) User Constraints(用户约束)。

用于访问位置和时序约束。

(4) Synthesize-XST(综合)。

用于访问检查语法、综合、查看 RTL 和技术原理图和综合报告。取决于所选择的综合工具，可用的综合过程也是不一样的。

(5) Implement Design(实现设计)。

提供访问综合工具和实现后分析工具。

(6) Generate Programming File(生成编程文件)。

访问比特流生成。

(7) Configure Target Device(配置目标器件)。

访问配置工具，用于创建可编程的文件和编程目标器件。

(8) Analyze Design Using ChipScope(利用 ChipScope 工具分析设计)。

调用 ChipScope 工具，实现设计文件的在线调试。

3. 文件(File)选项卡

如图1.11所示，文件选项卡提供了一个平面的、排序的工程内所有文件的源文件列表。文件可以通过图中的任何一类进行分类。可以通过使用鼠标右键单击文件名字，选择 Source Properies 命令来查看每个文件的属性和修改文件。

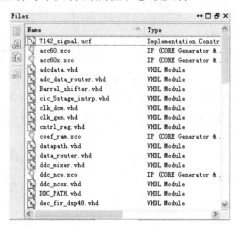

图 1.11　File(文件)面板

4. 库(library)选项卡

库选项卡中列出了设计工程中所有应用资源，包括设计文件，管脚约束文件等。

在 ISE 主界面的底部是控制台(Console)窗口，如图 1.12 所示，包括：Console、Errors 和 Warnings 面板，显示了状态信息。错误和警告。

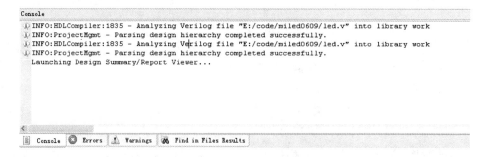

图 1.12　ISE 主界面控制台面板

(1) Console(控制台)面板。

控制台提供了所有来自处理运行的标准输出。窗口显示了错误、警告和消息信息。错误用红色的"×"表示；警告用"!"表示。

(2) Errors(错误)面板。

错误面板只显示错误信息，滤掉其他控制台信息。

(3) Warnings(警告)面板。

警告面板只显示警告信息，滤掉其他控制台消息。

(4) Find in Files Results 选项卡显示的是选择 Edit→Find In File 命令操作后的查询结果。

ISE 主界面的右边是多文档界面 MDI 窗口，称为工作空间(Workspace)。

工作空间如图 1.13 所示，使设计者可以查看设计报告、文本文件、原理图和仿真波形。每个窗口的大小都可改变，从 ISE 离开，在主机面窗口新的位置可以平铺、分层或者关闭。

(1) 设计者可以在主界面的主菜单下选择 View→Panels 命令，打开或者关闭面板。

(2) 设计者还可以在主界面的主菜单下选择 Layot→Load Default Layot 命令恢复默认的窗口布局。

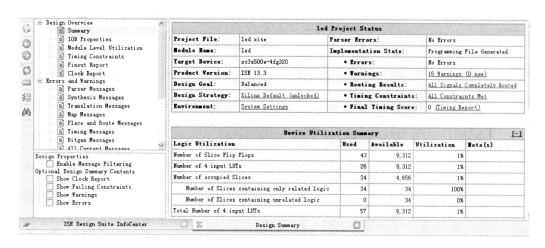

图 1.13　工作区(Workspace)子窗口

技能训练 1.1

采用原理图实现门电路的设计

1. 任务分析

图 1.14 说明了可编程逻辑器件的设计流程，使用 ISE 进行 FPGA 设计的流程与此相同，主要步骤如下。

(1) 设计输入(图形法输入或文本输入)。

(2) 设计综合。

(3) 综合后仿真(ISim 仿真)。

(4) 设计实现。

(5) 器件编程和配置。

下面通过与非门的实现来说明使用 ISE 进行可编程逻辑器件设计的具体流程。

基本门电路主要用来实现输入/输出之间的逻辑关系，包括与门、或门、非门、与非门、或非门、异或门、同或门等，这里以 2 输入端与非门为例介绍基本门电路的设计方法。

实现与非门逻辑运算的电路称为与非门，通常作为数字系统电路的一个独立单元使用。2 输入端与非门的逻辑符号如图 1.15 所示，有两个输入端 A、B 和一个输出端 F。

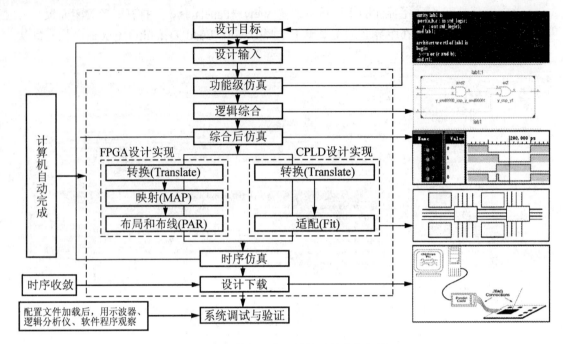

图 1.14　可编程逻辑器件设计基本流程图

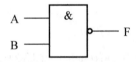

图 1.15　与非门逻辑符号

2 输入端与非门真值表见表 1-3。

表 1-3　2 输入端与非门真值表

A	B	F
0	0	1
0	1	1
1	0	1
1	1	0

2. 任务实现

采用可编程逻辑器件进行 2 输入端与非门电路的设计，首先必须要准备软件和硬件设计环境。

所需软件环境：ISE Foundation 集成开发环境。

所需硬件环境：计算机和电子设计自动化(Electronic Design Automation，EDA)教学实验开发环境。

采用原理图输入法的 2 输入与非门电路的设计步骤如下。

1) 新建工程
(1) 启动 ISE 集成开发环境，出现图 1.16 所示的 ISE 的启动界面。

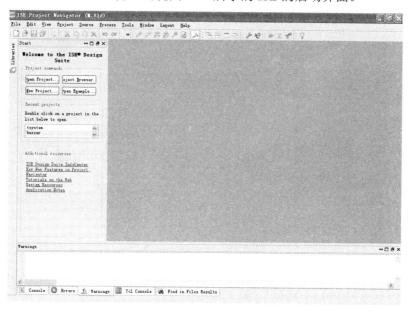

图 1.16　ISE 启动界面

(2) 创建工程 NAND2，在 File 下拉菜单中选择 New Project 命令，如图 1.17 所示。

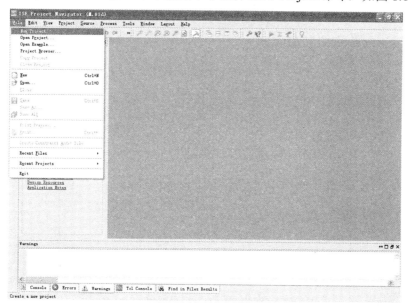

图 1.17　创建项目

出现如图 1.18 所示的工程向导窗口，在该窗口中指定项目名、工作路径和顶层模块类型，这里我们选择顶层模块类型为原理图(Schematic)。

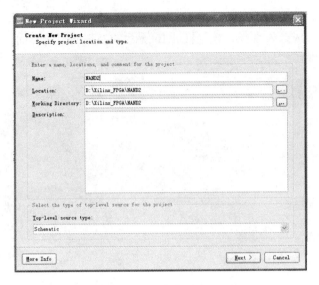

图 1.18 工程向导窗口

(3) 在图 1.18 中,单击 Next 按钮,则会出现如图 1.19 所示的项目设置(Project Settings)对话框。在项目设置(Project Settings)对话框中,选择合适的产品范围(Product Category)、芯片的系列(Family)、具体的芯片型号(Device)、封装类型(Package)、速度信息(Speed),此外,在该对话框中还要选择综合工具(Synthesis Tool)、仿真工具(Simulator)和设计语言(Preferred Language)。

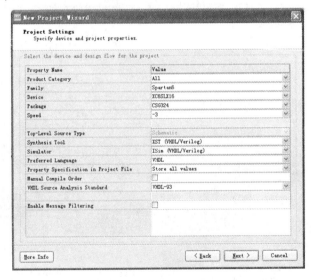

图 1.19 项目设置窗口

(4) 在图 1.19 中,单击 Next 按钮,则会出现如图 1.20 所示的项目简报对话框,告知当前项目相关设置,单击 Finish 按钮完成项目创建。

2) 创建新设计文件

(1) 如图 1.21 所示,留意设计(Design)面板中的层次(Hierarchy)面板,发现当前项目下及当前器件下不包括任何文件。

学习情境 1　初识可编程逻辑器件与开发系统

图 1.20　项目简报对话框

(2) 选中当前器件，右击并选择 New Source 命令创建一个新的设计文件，如图 1.22 所示。此时将出现新设计文件向导对话框，如图 1.23 所示。选择设计文件类型，这里我们选择原理图(Schematic)，并输入文件名"top"。

图 1.21　设计(Design)面板

图 1.22　创建设计文件

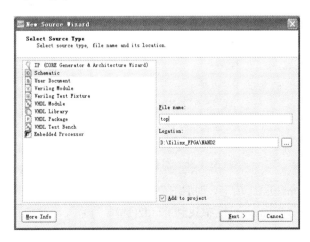

图 1.23　设计文件向导对话框

(3) 在图 1.23 中单击 Next 按钮，出现如图 1.24 所示的新设计文件简报对话框，告知当前设计文件的相关设置，单击 Finish 按钮完成新设计文件的创建。

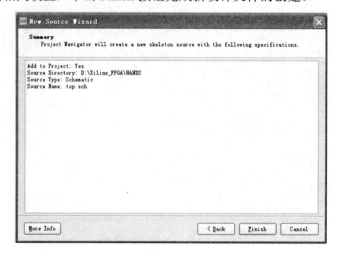

图 1.24　新设计文件简报对话框

3) 设计输入

(1) 完成创建新设计文件之后，ISE 将会自动跳转到原理图设计界面，如图 1.25 所示。

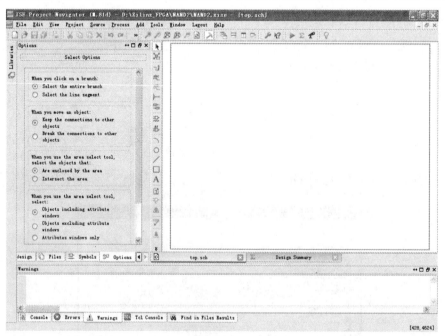

图 1.25　原理图设计界面

(2) 选择符号(Symbols)选项卡，如图 1.26 所示。在类别(Categories)栏中选择 Logic 选项，然后在下方的符号(Symbols)栏中找到 nand2(选项 2)输入与非门符号，如图 1.27 所示。

图 1.26 符号选项卡

图 1.27 符号类别栏

(3) 将符号 nand2 选项拖动至原理图绘图区,单击鼠标左键将该符号放在绘图区,如图 1.28 所示。单击 Add Wire(连线按钮)如图 1.29 所示,将 2 输入与非门输入输出端口通过连线引出,如图 1.30 所示。

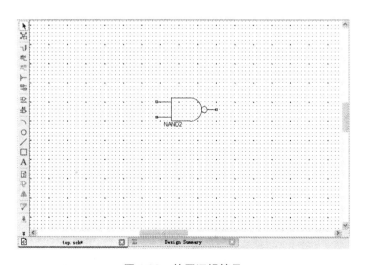

图 1.28 放置逻辑符号

图 1.29 连线按钮

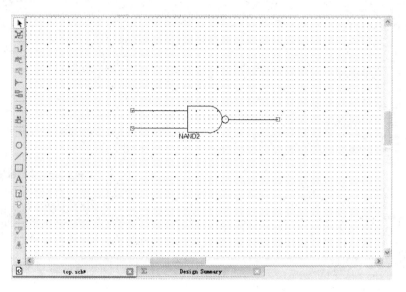

图 1.30　引出输入输出端

(4) 单击 Add I/O Marker(端口)按钮，如图 1.31 所示。将端口与 2 输入与非门输入输出端相连，如图 1.32 所示。将 3 个端口连接完成后，单击鼠标左键选中端口，单击鼠标右键在快捷菜单中选择 Rename Port 命令，对端口进行重命名，如图 1.33 所示。在重命名对话框中，输入所需的端口名，单击 OK 按钮完成重命名，如图 1.34 所示。

(5) 完成端口重命名后，选择菜单栏中的工具 Tools 菜单，在下拉菜单中选择原理图检查(Check Schematic)命令，检查原理图连线情况，如图 1.35 所示。留意下方控制台，观察检查结果，如图 1.36 所示。至此完成设计输入工作。

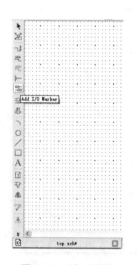
图 1.31　端口按钮

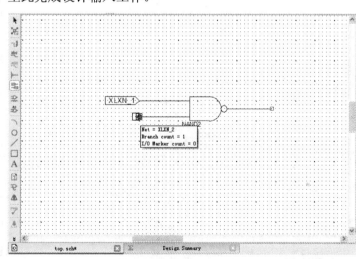
图 1.32　连接端口

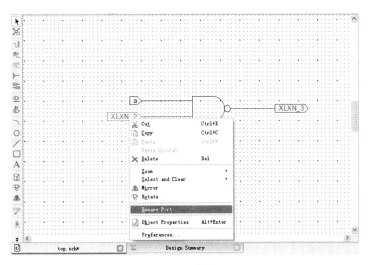

图 1.33 重命名端口

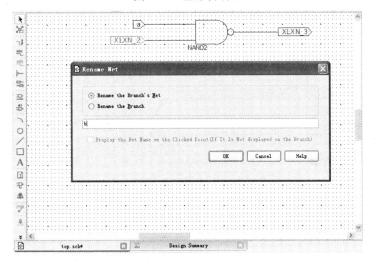

图 1.34 设置端口名

图 1.35 原理图检查选项

图 1.36 原理图检查结果

4) 工程编译

关闭原理图设计界面，并保存当前设计文件。在设计选项卡中选中当前设计文件，并在处理(Processes)面板选择综合选项(Synthesize-XST)，并双击鼠标左键对设计文件进行综合，如图 1.37 所示。并留意控制台显示的综合结果，如图 1.38 所示。

图 1.37 设计综合

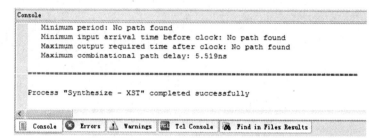

图 1.38 控制台结果

5) 设计仿真

(1) 在设计(Design)选项卡中选中仿真(Simulation)单选按钮，选中当前设计文件，单击鼠标右键在快捷菜单中选择添加新文件(New Source)命令，如图 1.39 所示。

图 1.39 添加仿真文件

学习情境 1　初识可编程逻辑器件与开发系统

(2) 在新设计文件向导对话框中，选择 VHDL Test Bench 选项，并对文件进行命名"test"，如图 1.40 所示，在之后出现的对话框中连续单击 Next 按钮，直到单击 Finish 按钮，完成 Test Bench 模版文件的添加。

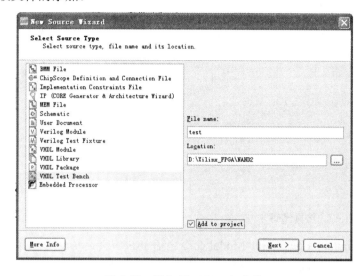

图 1.40　添加 Test Bench 文件

(3) 留意设计选项卡中的层次面板，可以看到新添加的 Test Bench 模版文件，同时可以看到右侧自动生成的 Test Bench 模版文件内容，如图 1.41 所示。

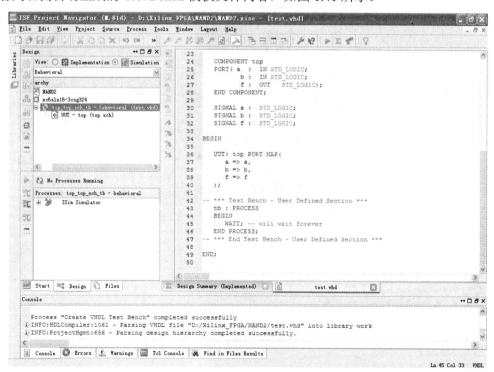

图 1.41　Test Bench 模板文件

(4) 在 Test Bench 模板中用户定义段中添加如下代码，如图 1.42 所示，并保存。单击处理(Processes)面板中 ISim Simulator 前的"+"，展开选项后，双击 Simulate Behavioral Model 命令开始仿真，如图 1.43 所示。

```
42  -- *** Test Bench - User Defined Section ***
43      tb : PROCESS
44      BEGIN
45          a<='0';
46          b<='0';
47          wait for 100 ns;
48          a<='0';
49          b<='1';
50          wait for 100 ns;
51          a<='1';
52          b<='0';
53          wait for 100 ns;
54          a<='1';
55          b<='1';
56          WAIT; -- will wait forever
57      END PROCESS;
58  -- *** End Test Bench - User Defined Section ***
```

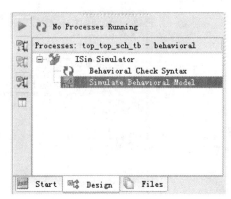

图 1.42　仿真代码　　　　　　　　　图 1.43　行为模型仿真

(5) 双击 Simulate Behavioral Model 命令之后 ISE 将会启动仿真软件 ISim，如图 1.44 所示。单击 符号，将仿真波形缩放到合适尺寸，观察仿真结果，如图 1.45 所示。将其与 2 输入与非门真值表比较，可知该设计满足 2 输入与非逻辑关系。

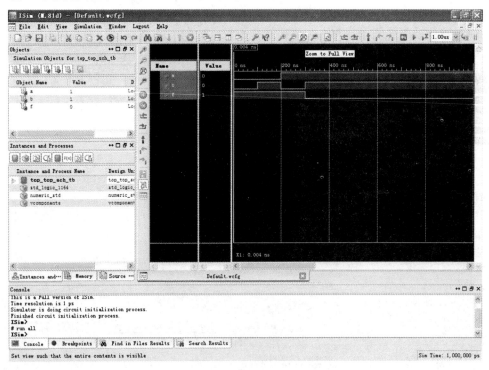

图 1.44　ISim 界面

学习情境 1 初识可编程逻辑器件与开发系统

图 1.45 仿真结果

6) 器件编程与配置

(1) 在设计(Design)面板中切换到实现(Implementation)状态，如图 1.46 所示。选中当前设计文件，单击鼠标右键，在快捷菜单中选择添加新文件 New Source 命令，如图 1.47 所示。

图 1.46 切换至实现状态

图 1.47 新建文件

在对话框中选择实现约束文件(Implementation Constraints File)选项，并取名为"top"，如图 1.48 所示。单击 Finish 按钮完成文件创建，如图 1.49 所示。

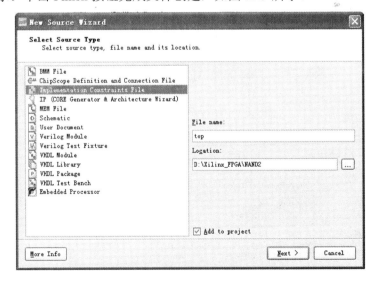

图 1.48 添加实现约束文件

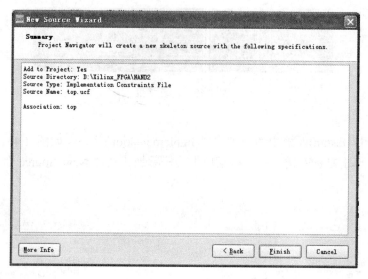

图 1.49　新文件简报窗口

(2) 在本任务中，输入为 2 位数字量，输出为 1 位数字量，根据 Nexys3 板卡提供的外设，选取 2 位拨码开关作为输入，1 位发光二极管作为输出，如图 1.50 所示。因此可以将输入端分别分配到引脚 T10 和 T9 上，输出端分配到引脚 U16 上。

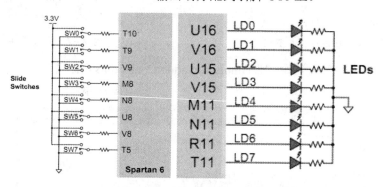

图 1.50　Nexys3 板卡外设连接图

(3) 在选中当前设计文件情况下，在处理(Processes)中，选择 User Constrains 选项，并单击前方"+"号，展开菜单，双击 I/O Pin Planning(PlanAhead)-Post-Synthesis，如图 1.51 所示。

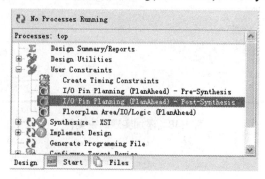

图 1.51　启动 PlanAhead

(4) 在图 1.51 中双击 I/O Pin Planning(PlanAhead)-Post-Synthesis 后将启动 PlanAhead 软件。在出现的欢迎界面中单击 Close 按钮，进入 PlanAhead 界面，如图 1.52 所示。找到其中的 I/O Ports 子窗口，并单击进入引脚分配界面。单击 Scalar ports 前的"+"号，展开菜单，可以看到输入端"a"和"b"，以及输出端"f"，如图 1.53 所示。

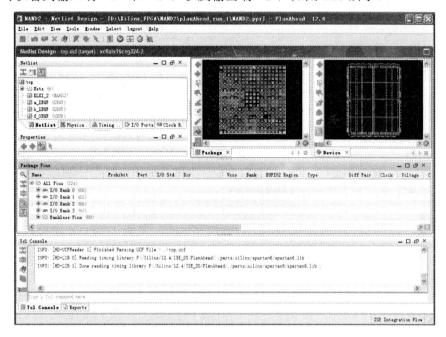

图 1.52　PlanAhead 主界面

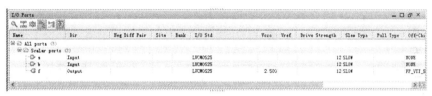

图 1.53　I/O 端口

在 I/O Ports 子窗口中分配引脚，首先在 Site 选项下将输入/输出端分配到指定引脚，再在 I/O std 选项下，将 I/O 口电平改为 LVCMOS33，完成后保存设置，退出 PlanAhead，如图 1.54 所示。

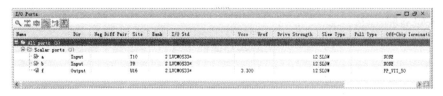

图 1.54　分配 I/O 端口

(5) 回到 ISE 界面，在设计(Design)面板中选中当前设计文件，在处理(Processes)面板选择实现设计(Implement Design)选项，并双击对设计文件进行实现，如图 1.55 所示。并留意控制台显示的内容，显示实现完成。

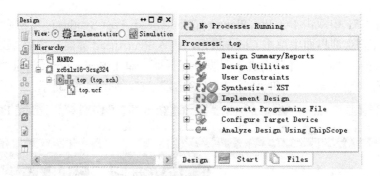

图 1.55　设计实现

(6) 在设计(Design)面板中选中当前设计文件，在处理(Processes)面板选择生成编程文件(Generate Programming File)选项，并双击生成编程文件，如图 1.56 所示。并留意控制台显示的综合结果，显示生成编程文件完成。此时，在相应文件夹下已生成编程文件"top.bit"文件，文件的下载将在下一任务中详细介绍。

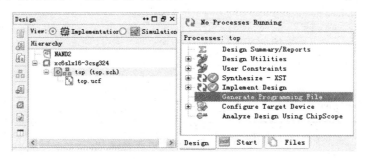

图 1.56　生成编程文件

任务 1.3　基于原理图实现的 4 位全加器的设计

在任务 1.2 中，通过采用原理图设计法介绍了 ISE 对可编程逻辑器件进行的基本流程，在本任务中将进一步介绍采用原理图法设计具体组合逻辑电路的方法，同时将详细介绍有关引脚分配及编程文件下载的方法。

 技能训练 1.2

4 位全加器的设计

1. 任务分析

4 位全加器可以采用 3 个 1 位全加器与 1 个 1 位半加器组合构成，在该任务中需要首先实现 1 位全加器以及 1 位半加器的设计工作，再将其组合起来构成 4 位全加器。

1 位半加器的真值表见表 1-4，原理图如图 1.57 所示。

表 1-4　1 位半加器真值表

A	B	C	S
0	0	0	0
0	1	0	1
1	0	0	1
1	1	1	0

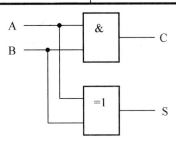

图 1.57　1 位半加器原理图

1 位全加器的真值表见表 1-5，原理图如图 1.58 所示。

表 1-5　1 位全加器真值表

A	B	C_{i-1}	C	S
0	0	0	0	0
0	0	1	0	1
0	1	0	0	1
0	1	1	1	0
1	0	0	0	1
1	0	1	1	0
1	1	0	1	0
1	1	1	1	1

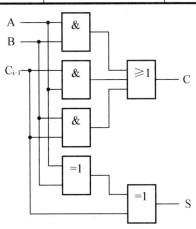

图 1.58　1 位全加器原理图

可编程逻辑器件应用技术

2. 任务实现

采用可编程逻辑器件进行 4 位全加器的设计,首先必须要准备软件和硬件设计环境。

所需软件环境:ISE Foundation 集成开发环境。

所需硬件环境:计算机和 EDA 教学实验开发环境。

采用原理图输入法的 4 位全加器的设计步骤如下。

1) 创建项目

创建项目"adder4",顶层文件类型为原理图(Schematic),如图 1.59 所示。在当前项目下,创建新设计文件"adder4",文件类型为原理图(Schematic),如图 1.60 所示;创建新设计文件"hadder",文件类型为原理图(Schematic),如图 1.61 所示;创建新设计文件"fadder",文件类型为原理图(Schematic),如图 1.62 所示。此时观察设计(Design)面板,注意符号在设计文件"adder4"前方,代表设计文件"adder4"为顶层文件。

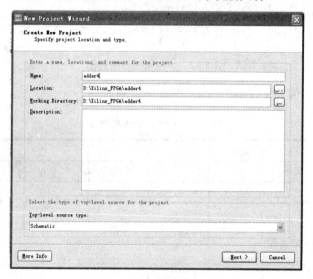

图 1.59 创建项目

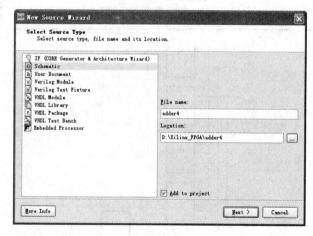

图 1.60 创建 4 位全加器设计文件

32

学习情境 1　初识可编程逻辑器件与开发系统

图 1.61　创建半加器设计文件

图 1.62　创建全加器设计文件

2) 设计 1 位半加器

(1) 在设计(Design)面板中双击设计文件"hadder",进入原理图设计界面,找到符号"and2"和"xor2",拖动到绘图区,进行连线和放置端口,并进行原理图检查(Check Schematic),如图 1.63 所示。完成半加器的设计。

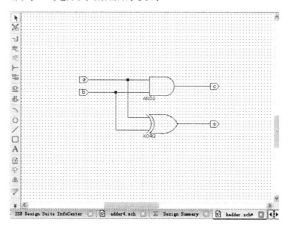

图 1.63　半加器设计文件

(2) 关闭原理图设计界面,在设计(Design)面板中选中设计文件"hadder",在处理(Processes)面板中单击展开 Design Utilities 菜单,依次双击 Create Schematic Symbol 和 Check Design Rules 命令,完成原理图符号的创建和设计规则的检查,如图 1.64 所示。

(3) 在设计(Design)面板中选择仿真(Simulation)状态,选中设计文件"hadder",单击鼠标右键创建新文件,如图 1.65 所示。新文件类型为 VHDL Test Bench,文件名为"thadder",如图 1.66 所示。在创建过程中,注意选择关联设计文件为"hadder"。

图 1.64 创建半加器符号

图 1.65 创建新文件

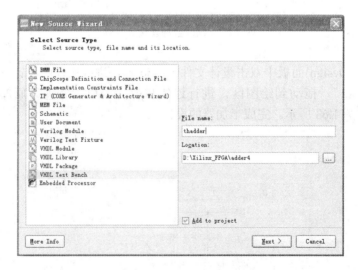

图 1.66 创建 Test Bench 文件

在 Test Bench 文件中添加如下代码,如图 1.67 所示。保存 Test Bench 文件,并进行仿真,注意仿真结果如图 1.68 所示,与半加器真值表一致,半加器设计完成。

```
45  -- *** Test Bench - User Defined Section ***
46  tb : PROCESS
47  BEGIN
48  a<='0';b<='0';
49  wait for 100ns;
50  a<='0';b<='1';
51  wait for 100ns;
52  a<='1';b<='0';
53  wait for 100ns;
54  a<='1';b<='1';
55
56      WAIT; -- will wait forever
57  END PROCESS;
58  -- *** End Test Bench - User Defined Section ***
59
60  END;
```

图 1.67 半加器 Test Bench 代码

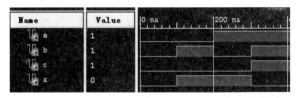

图 1.68 半加器仿真波形图

3) 设计 1 位全加器

(1) 在设计(Design)面板中双击设计文件 "fadder"，进入原理图设计界面，找到符号 "and2"、"or3" 和 "xor2"，拖动到绘图区，进行连线和放置端口，并进行原理图检查(Check Schematic)，如图 1.69 所示。完成全加器的设计。

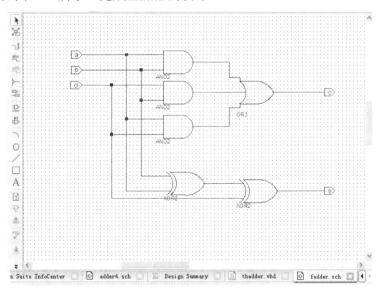

图 1.69 全加器设计文件

(2) 关闭原理图设计界面，在设计(Design)面板中选中设计文件 "fadder"，在处理(Processes)面板中单击展开 Design Utilities 菜单，依次双击 Create Schematic Symbol 和 Check Design Rules 命令，完成原理图符号的创建和设计规则的检查，如图 1.70 所示。

(3) 在设计(Design)面板中选择仿真(Simulation)状态，选中设计文件 "fadder"，单击鼠标右键创建新文件，如图 1.71 所示。新文件类型为 VHDL Test Bench，文件名为"tfadder"，如图 1.72 所示。在创建过程中，注意选择关联设计文件为"fadder"。

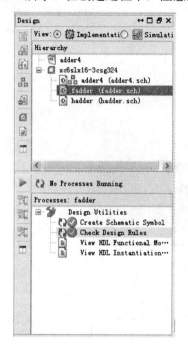

图 1.70 创建全加器符号

图 1.71 创建新文件

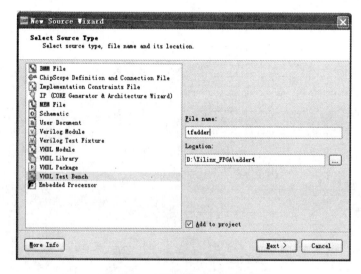

图 1.72 创建 Test Bench 文件

在 Test Bench 文件中添加如下代码，如图 1.73 所示。保存 Test Bench 文件，并进行仿真，注意仿真结果如图 1.74 所示，与全加器真值表一致，全加器设计完成。

```
48  -- *** Test Bench - User Defined Section ***
49  tb : PROCESS
50  BEGIN
51     a<='0';b<='0';ci<='0';
52     wait for 100ns;
53     a<='0';b<='0';ci<='1';
54     wait for 100ns;
55     a<='0';b<='1';ci<='0';
56     wait for 100ns;
57     a<='0';b<='1';ci<='1';
58     wait for 100ns;
59     a<='1';b<='0';ci<='0';
60     wait for 100ns;
61     a<='1';b<='0';ci<='1';
62     wait for 100ns;
63     a<='1';b<='1';ci<='0';
64     wait for 100ns;
65     a<='1';b<='1';ci<='1';
66     WAIT; -- will wait forever
67  END PROCESS;
68  -- *** End Test Bench - User Defined Section ***
```

图 1.73 全加器 Test Bench 代码

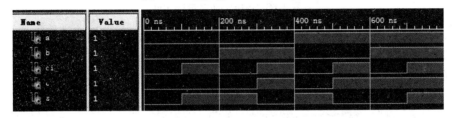

图 1.74 全加器仿真波形

4) 设计 4 位全加器

(1) 在设计(Design)面板中，双击设计文件"adder4"，进入原理图设计界面。注意在左侧 Categories 面板中选择当前目录，此时下方 Symbol 面板中将出现之前设计完成的半加器和全加器符号，如图 1.75 所示。将符号"fadder"和"hadder"，拖动到绘图区，进行连线和放置端口，并进行原理图检查(Check Schematic)，如图 1.76 所示。完成 4 位全加器的设计。

图 1.75 符号列表

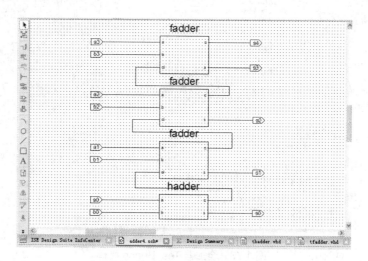

图 1.76　4 位全加器设计文件

(2) 关闭原理图设计界面，在设计(Design)面板中选中设计文件"adder4"，此时留意文件层次关系的变化，在处理(Processes)面板中双击 Synthesize-XST 菜单完成对 4 位全加器的综合，如图 1.77 所示。

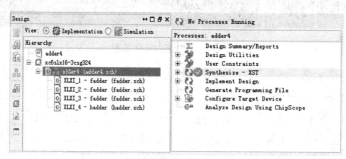

图 1.77　综合设计文件

(3) 在设计(Design)面板中选择仿真(Simulation)状态，选中设计文件"adder4"，单击鼠标右键创建新文件，如图 1.78 所示。新文件类型为 VHDL Test Bench，文件名为"tadder4"，如图 1.79 所示。在创建过程中，注意选择关联设计文件为"adder4"。

图 1.78　创建新文件

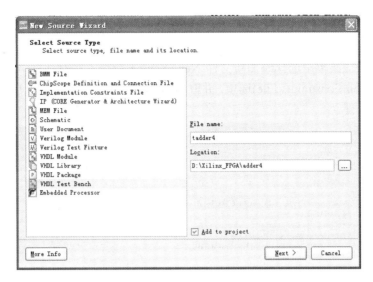

图 1.79 创建 Test Bench 文件

在 Test Bench 文件中添加如下代码，随机选取 3 组值进行相加，如图 1.80 所示。保存在 Test Bench 文件，并进行仿真，注意仿真结果如图 1.81 所示，该 3 组值相加结果完全正确，表明 4 位全加器设计完成。

```
72  -- *** Test Bench - User Defined Section ***
73      tb : PROCESS
74      BEGIN
75          a3<='0';a2<='0';a1<='1';a0<='1'; --"0011"
76          b3<='1';b2<='1';b1<='0';b0<='0'; --"1100"
77          wait for 100ns;
78          a3<='1';a2<='1';a1<='1';a0<='1'; --"1111"
79          b3<='1';b2<='1';b1<='0';b0<='0'; --"1100"
80          wait for 100ns;
81          a3<='1';a2<='1';a1<='1';a0<='1'; --"1111"
82          b3<='1';b2<='1';b1<='1';b0<='1'; --"1111"
83          WAIT; -- will wait forever
84      END PROCESS;
85  -- *** End Test Bench - User Defined Section ***
86
87  END;
```

图 1.80 4 位全加器 Test Bench 代码

Name	Value	0 ns	100 ns	200 ns
a3	1			
a2	1			
a1	1			
a0	1			
b3	1			
b2	1			
b1	1			
b0	1			
s4	1			
s3	1			
s2	1			
s1	1			
s0	0			

图 1.81 4 位全加器仿真波形

5) 引脚的分配

(1) 在设计(Design)面板中切换到实现(Implementation)状态。选中当前设计文件，单击鼠标右键，在快捷菜单中选择添加新文件 New Source 命令。在对话框中选择实现约束文件(Implementation Constraints File)选项，并取名为"adder4CF"，如图 1.82 所示。单击 Finish 按钮完成文件创建。

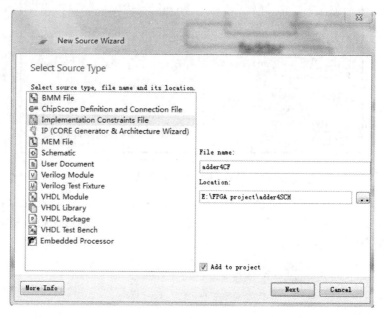

图 1.82　添加实现约束文件

(2) 在本任务中，输入为 2 组 4 位数字量，输出为 5 位数字量，根据 Nexys3 板卡提供的外设，选取 8 位拨码开关作为输入，5 位发光二极管作为输出，如图 1.83 所示。因此可以将输入端分别分配到引脚 T10 至 T5 上，输出端分配到引脚 U16 至 M11 上。

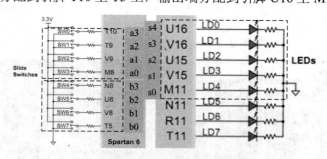

图 1.83　Nexys3 板卡外设连接图

(3) 采用 PlanAhead 对引脚进行分配，详见任务 2.2 中 2.2.2 小节中的介绍。

6) 器件的编程与配置

ISE 套件中也提供了对 FPGA 进行配置的功能，同样可以实现对 FPGA 的直接配置或对存储器的配置。下面分别对两种配置方法进行详细介绍。

(1) 采用 ISE 套件对 FPGA 进行直接配置。

在项目设计完成,并已对项目实现"综合""实现设计"和"生成编程文件"之后,就可以开始对 FPGA 进行配置了。将 Nexys3 目标板通过配套的 USB 线与电脑连接,并打开目标板电源。如图 1.84 所示,展开 Configure Target Device 选项,选择 Manage Configuration Project(iMPACT)选项。

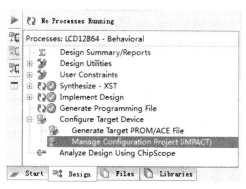

图 1.84　选择配置目标设备

此时将打开 ISE iMPACT 软件界面,首先双击 iMPACT 流程中的 Boundary Scan 命令进行边界扫描,然后在右侧区域单击鼠标右键,选择 Initialize Chain 命令进行初始化链接,如图 1.85 所示。

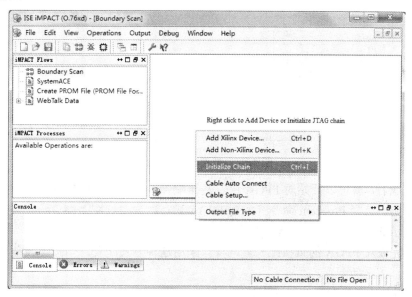

图 1.85　识别 FPGA 设备

此时,iMPACT 将识别出 Nexys3 板载的 FPGA,并提示识别成功,如图 1.86 所示。在弹出的 Auto Assign Configuration Files Query Dialog 对话框中单击 Yes 按钮,继续下面的步骤。

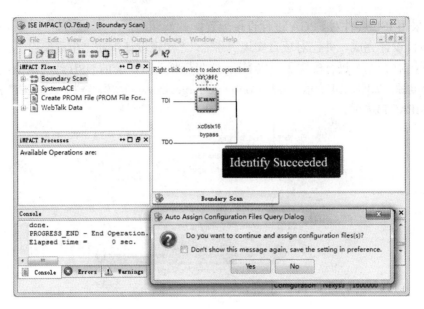

图 1.86　成功识别 FPGA 设备

在弹出的对话框中，选择当前项目所在目录，双击该目录下的*.bit 文件。由于 Nexys3 目标板带有 Flash，因此会弹出对话框询问是否要连接 Flash，请单击 No 按钮。在新弹出的配置属性对话框中单击 OK 按钮，如图 1.87 所示。

图 1.87　配置属性对话框

设置完成后，就可以开始对 FPGA 进行直接配置了。在 iMPACT 界面中，在 Xilinx 芯片图标上右击，选择 Program 命令开始对 FPGA 进行配置，如图 1.88 所示。配置成功后，系统将会提示 Program Succeeded，如图 1.89 所示。

至此，完成对 FPGA 的直接配置。同样，采用这种方式配置，当掉电或复位后，配置信息将丢失，需重新配置。

(2) 采用 ISE 套件对存储器进行配置。

为了确保配置信息掉电不丢失，ISE 同样也可以将配置文件下载到板载存储器，再由存储器对 FPGA 进行自动配置。该配置方式，包括了两个部分：生成 PROM 文件；将 PROM 文件下载到存储器中。

① 生成 PROM 文件。在项目设计完成，并已对项目实现"综合""实现设计"和"生成编程文件"之后，就可以开始生成 PROM 文件了。将 Nexys3 目标板通过配套的 USB 线与电脑连接，并打开目标板电源。本例采用 BPI Flash，将 Nexys3 目标板模式选择处的跳

线帽拔除。如图 1.90 所示，展开 Configure Target Device 选项，选择 Generate Target PROM/ACE File 选项。

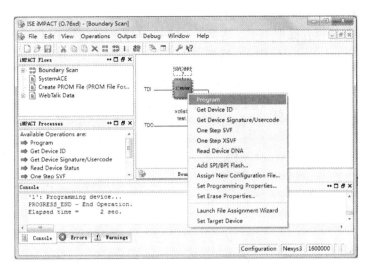

图 1.88　开始对 FPGA 进行配置

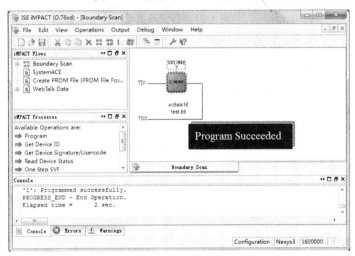

图 1.89　FPGA 配置成功

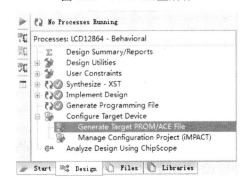

图 1.90　生成 PROM 文件

在随后跳出的警告对话框中，单击 OK 按钮，将自动打开 iMPACT 软件。双击 iMPACT 流程中的 Create PROM File(PROM File Formatter)命令，开始创建 PROM 文件。首先对 PROM 文件的属性进行配置，整个过程包括三步。

第一步，选择目标存储器类型，这里以 BPI Flash 为例，选择 BPI Flash 下的 Configure Single FPGA 选项，如图 1.91 所示。然后单击绿色箭头进入第二步操作。

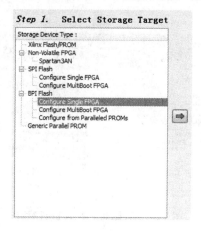

图 1.91 存储器类型

第二步，添加存储设备，根据 Nexys3 目标板的配置，选择目标 FPGA 为 Spartan6，Nexys3 板上的 BPI Flash 为 128MB，因此存储设备容量选择 128MB，完成设置后，单击 Add Storage Device 按钮，完成添加，如图 1.92 所示。再单击绿色箭头进入第三步操作。

第三步，配置 PROM 文件属性，首先在 Output File Name 选项后为 PROM 文件取名，在 Output File Location 选项后选择当前项目路径，便于下载时查找。File Format 选项采用默认的 MCS 格式。Nexys3 板上的 BPI Flash 为 16 位并行，因此 Data Width 选项选择 16 位，如图 1.93 所示。

图 1.92 添加存储设备

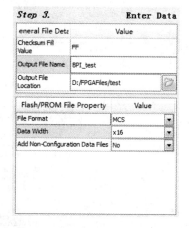

图 1.93 配置文件属性

单击 OK 按钮，完成 PROM 文件属性的设置。

在随后弹出的 Add Device 对话框中单击 OK 按钮，在当前项目路径下找到项目对应的

bit 文件，单击"确定"按钮。在随后弹出的 Add Device 对话框中询问是否要添加其他文件，单击 NO。随后弹出的 Add Device 对话框告知设备文件已导入完成，单击 OK 按钮继续下面的操作。随后弹出的 MultiBoot BPI Flash Revision AND Data File Assignment 对话框会告知文件在 Flash 中起止地址，由于是配置单一 FPGA，因此无须更改地址，单击 OK 按钮继续下面操作。下面选择 iMPACT 进程中的 Generate File…选项，开始生成 PROM 文件。如图 1.94 所示。

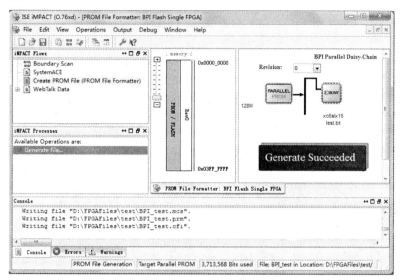

图 1.94　完成 PROM 文件的生成

到这里，完成了 PROM 文件的生成工作。关闭界面，无需保存信息。

② 将 PROM 文件下载到存储器中。如图 1.95 所示，展开 Configure Target Device 选项，选择 Manage Configuration Project(iMPACT)选项。

图 1.95　选择配置目标设备

此时将打开 ISE iMPACT 软件界面，首先选择 iMPACT 流程中的 Boundary Scan 命令进行边界扫描，然后在右侧区域单击鼠标右键，选择 Initialize Chain 命令进行初始化链接，如图 1.96 所示。

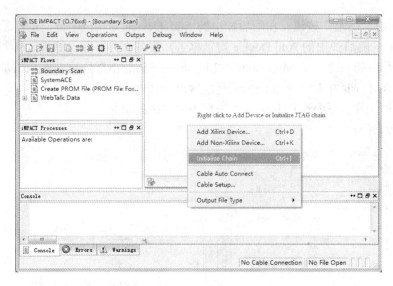

图 1.96　识别 FPGA 设备

此时，iMPACT 将识别出 Nexys3 板载的 FPGA，并提示识别成功，如图 1.97 所示。在弹出的 Auto Assign Configuration Files Query Dialog 对话框中单击 No 按钮。

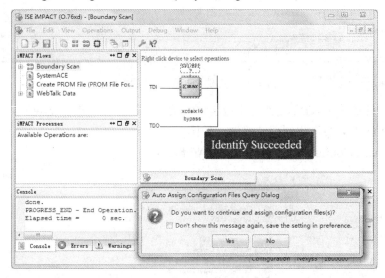

图 1.97　成功识别 FPGA 设备

在新弹出的配置属性对话框中单击 OK 按钮，如图 1.98 所示。

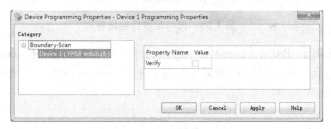

图 1.98　配置属性对话框

完成以上设置后，开始为 FPGA 添加 BPI Flash，如图 1.99 所示，在 BPI/SPI?虚线框处单击鼠标右键，在当前项目路径下找到刚才生成的 MCS 文件，单击"确定"按钮。随后弹出的 Select Attached SPI/BPI 对话框中选择 28F128P30 选项与 Nexys3 目标板上所用的 BPI Flash 兼容，单击 OK 按钮，如图 1.100 所示。

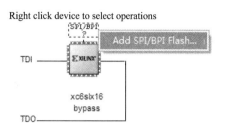

图 1.99　添加 BPI Flash　　　　　　　　图 1.100　选择 Flash 属性

此时可以看到在 FPGA 芯片图标上添加了 Flash 芯片图标，如图 1.101 所示。

在 Flash 图标上单击鼠标右键，选择 Program 选项。在随后弹出的 Device Programming Properties 对话框中单击 OK 按钮，开始下载 PROM 文件到 Flash，如图 1.102 所示。下载成功后，系统将会提示 Program Succeeded，如图 1.103 所示。

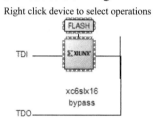

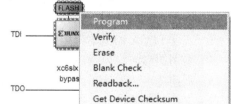

图 1.101　完成 Flash 的添加　　　　　　图 1.102　对 Flash 进行配置

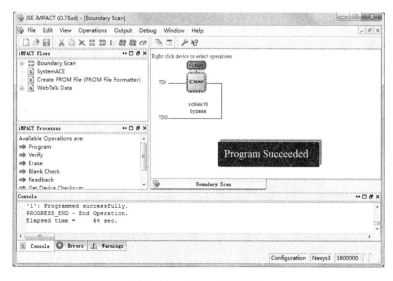

图 1.103　Flash 配置成功

至此，完成整个 BPI Flash 的配置过程，FPGA 配置文件已被下载到并行存储器中，重启目标板电源，并行存储器将会自动完成对 FPGA 的配置。

采用 ISE 套件对 SPI Flash 进行配置的方法与 BPI Flash 配置方法相似，在此不再赘述。

知识梳理与总结

在本学习情境中，主要介绍了有关于 EDA 技术的基本概念和相关知识。
(1) EDA 技术的定义和发展。
(2) 主要可编程器件公司介绍，包括了 Altera 公司和 Xilinx 公司的介绍及相关产品。
(3) 介绍了自顶向下的设计方法。
(4) 重点介绍了 Xilinx 公司的 ISE 集成开发环境。
(5) ISE Foundation 软件的使用方法。
(6) 通过两个例子介绍了采用原理图法进行设计的步骤。

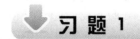

习 题 1

1. 画出 ISE 软件的完整设计流程。
2. 用图示说明简单可编程逻辑器件的基本结构。
3. 说明 FPGA 的基本架构。
4. 采用图形法对异或门进行建模，并仿真验证。
5. 采用图形法设计 3 人表决器，并仿真验证。
6. 采用图形法设计 4 选 1 多路选择器，并仿真验证。

学习情境 2

认识 VHDL 语言

教学导航

学习任务	任务 2.1 简单组合电路的 VHDL 描述 任务 2.2 简单时序电路的 VHDL 描述 任务 2.3 含有层次结构的 VHDL 描述 任务 2.4 存储器的 VHDL 描述
能力目标	能正确使用 ISE 软件开发 VHDL 语言程序 具有阅读、分析 VHDL 程序的能力 具有独立编写简单 VHDL 程序的能力 具有测试程序编写的能力
参考学时	24

知识分布网络

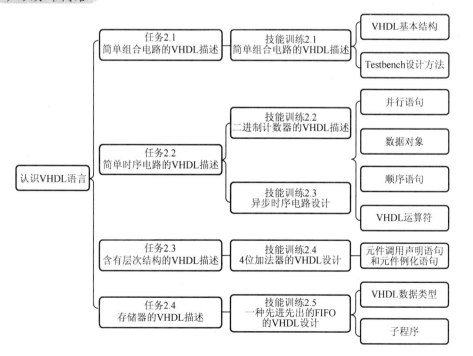

任务 2.1 简单组合电路的 VHDL 描述

2.1.1 VHDL 语言简介

目前，电路系统的设计正处于 EDA(电子设计自动化)时代。借助 EDA 技术，系统设计者只需要提供欲实现系统行为与功能的正确描述即可。至于将这些系统描述转化为实际的硬件结构，以及转化时对硬件规模、性能进行优化等工作，几乎都可以交给 EDA 工具软件来完成。使用 EDA 技术大大缩短了系统设计的周期，减小了设计成本。

EDA 技术首先要对系统的行为、功能进行正确的描述。HDL(硬件描述语言)是各种描述方法中最能体现 EDA 优越性的描述方法。所谓硬件描述语言，实际就是一个描述工具，描述的对象就是待设计电路系统的逻辑功能、实现该功能的算法以及选用的电路结构与其他各种约束条件等。通常要求 HDL 既能描述系统的行为，也能描述系统的结构。

HDL 的使用与普通的高级语言相似，编制的 HDL 程序也需要首先经过编译器进行语法、语义的检查，并转换为某种中间数据格式。但与其他高级语言相区别的是，用硬件描述语言编制程序的最终目的是要生成实际的硬件，因此 HDL 中有与硬件实际情况相对应的并行处理语句。此外，用 HDL 编制程序时，还需注意硬件资源的消耗问题(如门、触发器、连线等的数目)，有的 HDL 程序虽然语法、语义上完全正确，但并不能生成与之对应的实际硬件，原因就是要实现这些程序所描述的逻辑功能，消耗的硬件资源十分巨大。

VHDL(Very-high-speed-integrated-circuits Hardware Description Language，超高速集成电路硬件描述语言)是最具有推广前景的 HDL。VHDL 语言是美国国防部于 20 世纪 80 年代后期出于军事工业的需要开发的。1984 年 VHDL 被 IEEE(Institute of Electrical and Electorincs Engineers)确定为标准化的硬件描述语言。1994 年 IEEE 对 VHDL 进行了修订，增加了部分新的 VHDL 命令与属性，增强了系统的描述能力，并公布了新版本的 VHDL，即 IEEE 标准版本 1046-1994 版本。

VHDL 已经成为系统描述的国际公认标准，得到众多 EDA 公司的支持，越来越多的硬件设计者使用 VHDL 描述系统的行为。

VHDL 之所以被硬件设计者日趋重视，是因为它在进行工程设计时有如下优点。

(1) VHDL 行为描述能力明显强于其他 HDL 语言。因为用 VHDL 编程时不必考虑具体的器件工艺结构，能比较方便地从逻辑行为这一级别描述、设计电路系统，而对于已完成的设计，不改变源程序，只需改变某些参量，就能轻易地改变设计的规模和结构。比如设计一个计数器，若要设计 8 位计数器，可以将其输出引脚定义为 "BIT_VECTOR(7 DOWNTO 0);"，而要将该计数器改为 16 位计数器时，只要将引脚定义中的数据 7 改为 15 即可。

(2) 能在设计的各个阶段对电路系统进行仿真模拟，使得在系统设计的早期就检查系统的设计功能，极大地减少了可能发生的错误，降低了开发成本。

(3) VHDL 语句程序结构(如设计实体、程序包、设计库)决定了它在设计时可利用已有的设计成果，并能方便地将较大规模的设计项目分解为若干部分，从而实现多人多任务的并行工作方式，保证了较大规模系统的设计能被高效、高速地完成。

(4) EDA 工具和 VHDL 综合器的性能日益完善。经过逻辑综合，VHDL 语言描述能自动地被转变成某一芯片的门级网表，通过优化能使对应的结构更小、速度更快。同时设计者可根据 EDA 工具给出的综合和优化后的设计信息对 VHDL 设计描述进行改良，使之更为完善。

技能训练 2.1

简单组合电路的 VHDL 描述

1. 任务分析

图 2.1 所示电路包含 6 个不同的逻辑门，它可以用 VHDL 语句来描述。

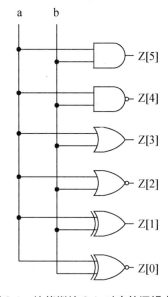

图 2.1　技能训练 2.1 对应的逻辑电路

2. 任务实现

(1) 新建工程：双击桌面上 Xilinx ISE 13.3 图标，启动 ISE 软件(也可从开始菜单启动)。每次打开 ISE 都会默认恢复到最近使用过的工程界面。当第一次使用时，由于还没有过去的工程记录，所以工程管理区显示空白。选择 File 菜单中的 New Project 命令，在弹出的对话框中输入工程名称并指定工程路径，如图 2.2 所示。单击 Next 按钮进入下一页，选择所使用的芯片及综合、仿真工具。计算机上安装的所有用于仿真和综合的第三方 EDA 工具都可以在下拉菜单中找到，如图 2.3 所示。在图中我们选用了 Spartan6 XC6SLX16 芯片，采用 CSG324 封装，这是 Nexys3 开发板所用的芯片。另外，我们选择 VHDL 作为默认的硬件描述语言。再单击 Next 按钮进入下一页，这里显示了新建工程的信息，确认无误后，单击"确认"按钮就可以建立一个完整的工程了。新建工程信息页如图 2.4 所示。

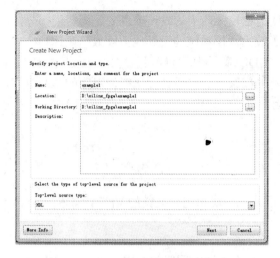

图 2.2　输入工程名称并指定工程路径

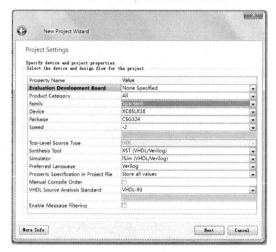

图 2.3　芯片及综合、仿真工具选择界面

图 2.4　新建工程信息页

(2) 设计输入：在工程管理区任意位置单击鼠标右键，在弹出的快捷菜单中选择 New Source 命令，会弹出如图 2.5 所示的新建源代码对话框，对于逻辑设计，最常用的输入方式就是 HDL 代码输入法(Verilog Module、VHDL Module)、状态机输入法(State Diagram)和原理图输入法(Schematic)。这里我们选择 VHDL Module 输入，并输入 VHDL 文件名。单击 Next 按钮进入端口定义对话框，如图 2.6 所示。其中 Entity name 就是输入的 gates2，Architecture name 默认为 Behavioral，下面的列表框用于端口的定义。Port Name 表示端口名称，Direction 表示端口方向(可选择为 input、output 或 inout)，MSB 表示信号最高位，LSB 表示信号最低位，对于单信号的 MSB 和 LSB 不用填写。当然，端口定义这一步其实是可以省略的，可以在源程序中再行添加。定义了模块的端口后，单击 Next 按钮进入下一步，单击 Finish 按钮完成创建。这样，ISE 就会自动创建一个 VHDL 模块的模板，并且在源代码编辑区打开，如图 2.7 所示。简单的注释、模块和端口定义已经自动生成，所剩余的工作就是在模块中输入如下代码。

```vhdl
LIBRARY IEEE;
USE IEEE.STD_LOGIC_1164.ALL;

ENTITY gates2 IS
    PORT(
        a: IN STD_LOGIC;
        b: IN STD_LOGIC;
        z: OUT STD_LOGIC_VECTOR(5 DOWNTO 0)
        );
END gates2;

ARCHITECTURE gates2 OF gates2 IS
BEGIN
    z(5) <= a AND b;
    z(4) <= a NAND b;
    z(3) <= a OR b;
    z(2) <= a NOR b;
    z(1) <= a XOR b;
    z(0) <= a XNOR b;
END gates2;
```

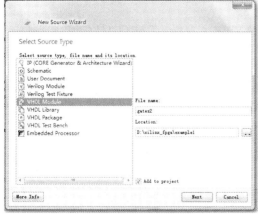

图 2.5　新建设计文件

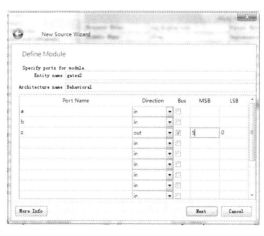

图 2.6　端口设定

图 2.7 代码编辑窗口

所有的 VHDL 程序都以以下两行语句开始：

LIBRARY IEEE;
USE IEEE.STD_LOGIC_1164.**ALL**

这两行语句表明程序将使用库文件 std_logic.vhd 中的包集 std_logic_1164。该包集定义了 STD_LOGIC 和 STD_LOGIC_VECTOR 这两种数据类型及基本逻辑门 AND，**NAND**，**OR**，**NOR**，**XOR**，及 XNOR。

程序接下来的一段为实体(**ENTITY**)定义部分，包含模块名(该例中为 gates2)及端口定义。一般情况下，我们使用小写字母来为信号命名。端口信号的方向可以是 in, out 或 inout。信号类型可以是 STD_LOGIC 或 STD_LOGIC_VECTOR。在该例中，输入信号 a 和 b 为 STD_LOGIC 类型，而输出信号 z 为 STD_LOGIC_VECTOR(5 **DOWNTO** 0)类型。

输出信号 z 通过以下语句定义：z: **OUT** STD_LOGIC_VECTOR(5 **DOWNTO** 0)

这表明 6 个输出信号被编为一组，成为 STD_LOGIC_VECTOR 类型，序号从 5 到 0。该语句还指明了信号最高位为第 5 位，最低位为第 0 位。如果信号最高位为第 1 位，最低位为第 6 位，那么定义语句应为 z: **OUT** STD_LOGIC_VECTOR(1 **TO** 6)。

除了定义输入输出信号的实体(**ENTITY**)外，所有的 VHDL 程序都含有 **ARCHITECTURE** 段，用于描述模块的行为。为描述图 2.1 所示电路中 6 个逻辑门的输出，我们采用"<="赋值运算符，写出逻辑表达式，将相应信号赋予各输出端口。STD_LOGIC_VECTOR 类型信号 z 的第 i 位可以通过 z(i)来访问。这种赋值方式为并发赋值，这意味着在程序中我们可以用任意的顺序来书写各输出赋值语句。在 VHDL 中信号名是不区分大小写的。

(3) 功能仿真：输入代码后，我们还需要对模块进行测试。在工程管理区将 View 设置为 Simulation，如图 2.8 所示。在任意位置单击鼠标右键，并在弹出的菜单中选择 New Source 命令，在类型中选择 VHDL Test Bench，输入测试文件名，单击 Next 按钮，如图 2.9 所示。这时所有工程中的元件名都会显示出来，我们需要选择要进行测试的元件，如任务 2.1 中的 gates2 元件。单击 Next 按钮，再单击 Finish 按钮，ISE 会在源代码编辑区自动显示测试代码，如图 2.10 所示。可以看到，ISE 已经自动生成了基本的信号并对被测元件做了例化。

我们的工作就是在 Stimulus 进程中添加测试向量生成代码。例如，对任务 2.1 中的 gates2 元件，我们可以编辑测试代码如下。

```
-- Stimulus PROCESS
   stim_proc: PROCESS
   BEGIN
     WAIT FOR 200ns;
     b <= '1';
     WAIT FOR 200ns;
     a <= '1';
     b <= '0';
     WAIT FOR 200ns;
     b <= '1';
     WAIT FOR 200ns;
     a <= '0';
     b <= '0';
       WAIT;
   END PROCESS;
```

图 2.8　Simulation 选项

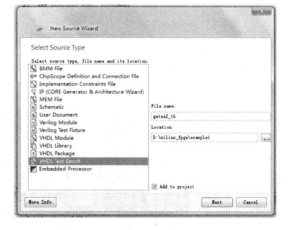

图 2.9　新建 Test Bench

图 2.10　Test Bench 编辑区

可编程逻辑器件应用技术

完成测试文件编辑后,确认工程管理区中 View 选项设置为 Simulation,这时在过程管理区会显示与仿真有关的进程,如图 2.11 中 Processes 栏所示。右击其中的 Simulate Behavioral Model 选项,选择弹出快捷菜单中的 Process Properties 命令,会弹出如图 2.12 所示的属性设置对话框,其中的 Simulation Run Time 选项就是仿真时间的设置,可将其修改为任意时长。

图 2.11　Processes 栏

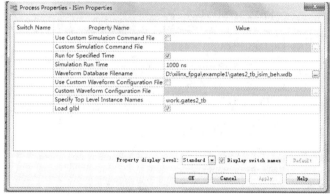

图 2.12　Simulation 属性设置

仿真参数设置完后,即可进行仿真。首先在工程管理区选中测试代码,然后在过程管理区双击 Simulate Behavioral Model 命令,则 ISE 启动 ISE Simulator,可以得到图 2.13 的仿真结果。

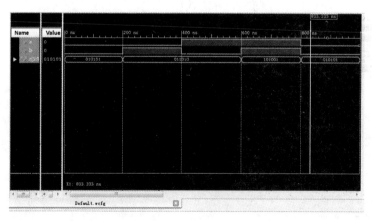

图 2.13　仿真结果

2.1.2　VHDL 的基本结构

模块化和自顶向下、逐层分解的结构化设计思想贯穿于整个 VHDL 设计文件之中。VHDL 将所设计的任意复杂的电路系统均看作一个设计单元,可以用一个程序文件来表示。一个完整的 VHDL 语言程序通常包含实体(ENTITY)、结构体(ARCHITECTURE)、库(LIBRARY)、程序包(Package) 与配置(Configuration) 5 个部分。

首先我们对这 5 个部分的作用作一个简要的介绍，旨在让大家先有一个认识。实体是声明到其他实体或其他设计的接口，即定义本设计的输入、输出端口；结构体是用来定义实体的实现，即电路的具体描述；配置为实体选定某个特定的结构体；程序包则用来声明在设计或实体中将用到的常数、数据类型、元件及子程序等；库用以存储预先完成的程序包和数据集合体。以上 5 个部分并不是每一个 VHDL 程序都必须具备的，其中只有一个实体和一个与之对应的结构体是必需的。在大型的设计中，往往需要编写很多个实体、结构体对，并把它们连接到一起，从而形成一个完整的电路。

1. 实体表达

VHDL 完整的、可综合的程序结构必须能完整地表达一片专用集成电路 ASIC 器件的端口结构和电路功能，即无论是一片 74LS138 还是一片 CPU，都必须包含实体和结构体两个最基本的语言结构。这里将含有完整程序结构(包含实体和结构体)的 VHDL 表述称为设计实体。如前所述，实体描述的是电路器件的端口构成和信号属性，实体表达的书写格式如下所示。

```
ENTITY 实体名 IS
    GENERIC(类属参数说明);
    PORT(端口说明);
END 实体名;
```

上式中 ENTITY、**IS**、GENERIC、**PORT**、END 都是描述实体的关键词，在实体描述中除了 GENERIC 可以省略，其余关键词必须包含。在编译中，关键词不分大写和小写。

【例 2-1】 2 输入或非门的实体说明程序。

```
ENTITY nor2 IS
  PORT(   a,b: IN  BIT;     --说明两个输入端口 a、b
            Z: OUT BIT);    --说明一个输出端口
  END nor2;
```

 特别提示

(1) "--"表示后面的语句是注释，不参与编译。

(2) 在大型的程序里，可能要定义很多的实体，为了便于阅读，实体名最好是可表达相关的含义，这是一种良好的编程习惯。

 知识链接

1) 实体名

例 2-1 中的 nor2 是实体名，是标识符，具体取名由设计者自定。在 VHDL 中，用户必须遵循 VHDL 标识符的命名规则来创建标识符，否则就会出现因可编程开发软件不能识别创建的标识符而导致 VHDL 程序无法运行的后果。标识符中可使用的有效字符：26 个大小写英文字母(a～z 和 A～Z)；10 个数字(0～9)和下划线(_)。例如，2illegal%name 被视为不合法的标识符，因为%不是有效字符。标识符必须以英文字母开头。例如，2illegal-name 被视为不合法的标识符，因为它以数字 2 开头，而不是以英文字母开头。标识符中下划线(_)的前后都必须有英文字母或数字，在一个标识符中只能有一个下划线(_)。例如，illegal_ 和 illegal_name 被视为不合法的标识符，因为前者下划线(_)的后面没有英文字母或数字，后者有两个下划线(_)。标识符不区分大小写英文字母。例如，HALF_Adder 和 half_adder 被视为同一标识符。

2) 类属参数说明语句(GENERIC)

类属参数说明语句必须放在端口说明语句之前，用以设定实体或元件的内部电路结构和规模，实际上就是整个设计中所要使用的一个常数。参数的类属用来规定端口的大小、I/O 引脚的指派、实际中子元件的数目和实体的定时特性。其书写格式如下。

GENERIC(常数名：数据类型：=设定值；
　　　　　… … ；
　　　　　… … ；
　　　　　常数名：数据类型：=设定值)；

【例 2-2】 42 位信号的实体说明。

```
ENTITY exam IS
GENERIC(width: INTEGER := 42;
        Width1: INTEGER := 16);
PORT(   M: IN STD_LOGIC_VECTOR(width-1 DOWNTO 0);
        Q: OUT STD_LOGIC_VECTOR(Width1-1 DOWNTO 0));
```

类属参数定义了一个宽度常数，在端口定义部分应用该常数 width 定义了一个 42 位的信号，这句相当于语句

```
M: IN STD_LOGIC_VECTOR(41 DOWNTO 0);
```

若该实体内部大量使用了 width 这个参数表示数据宽度，则当设计者需要改变宽度时，只需一次性在语句 GENERIC(width: INTEGER:=某常数)中改变常数即可。

从上述例子的综合结果来看，类属参数的改变将影响设计结果的硬件规模，而从设计者角度来看，只需改变一个数字即可达到目的。应用 VHDL 进行 EDA 设计的优越性由此可窥一斑。

3) 端口说明(PORT)

在电路图上，端口对应于元件符号的外部引脚。端口说明语句是对一个实体界面的说明，也是对端口信号名、数据类型和端口模式的描述。端口说明语句的一般格式如下。

PORT(端口信号名, {端口信号名}：端口模式 端口类型；
　　　　… … …；
　　　　… … …；
　　　　端口信号名, {端口信号名}：端口模式 端口类型)；

例 2-1 的实体描述中，IN 和 OUT 分别定义端口 a、b 为信号输入端口、Z 为新信号输出端口。一般地，可综合的(即能将 VHDL 程序编译成可实现的电路)端口模式有 4 种，它们分别是 IN、OUT、INOUT 和 BUFFER，用于定义端口上数据的流动方向和方式。详细的端口方向说明见表 2-1。

表 2-1 端口方向说明

方向定义	含 义
IN	输入端口：该端口仅允许信号自端口流入构造体，而构造体内部的信号不允许从该端口输出。输入端口主要用于时钟输入、控制输入(如复位信号)和单向的数据输入(如地址信号)
OUT	输出端口：该端口仅允许信号由构造体流向外部，而不允许信号经端口流入构造体。输出端口被认为是不可读的。输出端口常用于计数输出、单项数据输出、联络信号输出等
INOUT	双向端口：在设计实体的数据流中，有些数据是双向的，数据可以流入实体，也有数据从设计实体中流出，这时需要将端口设计为双向端口。双向端口的原理模型如图 2.14 所示，当 INcontrol 有效时，双向端口相当于输入端口；当 OUTcontrol 有效时，双向端口相当于输出端口；当两者均无效时，端口呈高阻状态
BUFFER	缓冲端口：它与输出端口类似，不同之处在于缓冲端口即可用作输出，又允许实体引用该端口信号用于内部反馈

表 2-1 中，BUFFER 是 INOUT 的子集，它与 INOUT 的区别在于：INOUT 是双向信号，既可以输入，也可以输出；而 BUFFER 是实体的输出信号，但作输入用时，信号不是由外部驱动的，而是从输出反馈得到，即 BUFFER 类的信号在输出外部电路的同时，也可以被实体本身的结构体读入，这种类型的信号常用来描述带反馈的逻辑电路，如计数器等。

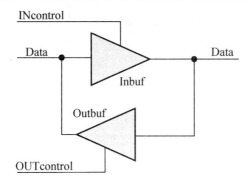

图 2.14 双向端口的原理模型

4) 数据类型

例 2-1 中的端口信号 a、b 和 Z 的数据类型都定义为 BIT。由于 VHDL 中任何一个数据对象的应用都必须严格限定其取值范围和数据类型，即对其传输或存储的数据的类型要作明确的界定，因此，在 VHDL 设计中，必须预先定义好要使用的数据类型，这对于大规模电路描述的排错是十分有益的。常见的有以下几种。

(1) BIT：二进位类型，取值只能是 0、1，由 STANDARD 程序包定义。

(2) BIT_VECTOR：位向量类型，表示一组二进制数，常用来描述地址总线、数据总线等端口，如"datain: **IN** BIT_VECTOR(7 **DOWNTO** 0);"定义了一条 8 位位宽的输入数据总线。

(3) STD_LOGIC：工业标准的逻辑类型，由 STD_LOGIC_1164 程序包定义。取值为 9 种，分别是：'0'、'1'、'X'、'Z'、'U'、'W'、'L'、'H'、'-'，'U'表示未初始化；'X'表示强未知的；'0'表示强逻辑 0；'1'表示强逻辑 1；'Z'表示高阻态；'W'表示弱未知的；'L'表示弱逻辑 0；'H'表示弱逻辑 1；'-'表示忽略。

(4) STD_LOGIC_VECTOR：工业标准的逻辑向量类型，是 STD_LOGIC 的组合。

(5) BOOLEAN：布尔类型，取值为 FALSE、TRUE。

2. 结构体表达

对一个电路系统而言，实体描述部分主要是系统的外部接口描述，这一部分如同是一个"黑盒"，描述时并不需要考虑实体内部的具体细节，因为描述实体内部结构与性能的工作是由"结构体"所承担的。

结构体的语法结构如下。

ARCHITECTURE 结构体名 **OF** 实体名 **IS**
[说明语句] 内部信号，常数，数据类型，函数等的定义；
　BEGIN
　　[功能描述语句]；
　END 结构体名；

一个结构体从"ARCHITECTURE 构造体名 OF 实体名 IS"开始到"END 结构体名"结束。结构体的内容放在保留字 BEGIN 和 END 之间，其间的所有语句都是同时执行。说明语句包括在结构体中，用以说明和定义数据对象、数据类型、元件调用声明等。说明语句并非是必须的，功能描述语句则不同，结构中必须给出相应的电路功能描述语句，可以是并行语句，顺序语句或它们的混合。

3. 设计库和标准程序包

为了方便设计，VHDL 提供了一些标准程序包。例如 STANDARD 程序包，它定义了若干数据类型、子类型和函数，前面提到过的 BIT 类型就是在这个包中定义的。STANDARD 程序包已预先在 STD 库中编译好，并且自动与所有模型连接，所以设计单元无需作任何说明，就可以直接使用该程序包内的类型和函数。

另一种常用的 STD_LOGIC_1164 程序包，定义了一些常用的数据类型和函数，如 STD_LOGIC、STD_LOGIC_VECTOR 类型。它也预先在 IEEE 库中编译过，但是在设计中要用到时，需要在实体说明前加上调用语句：

LIBRARY IEEE;　　　　　　　　　--打开 IEEE 库
USE IEEE.STD_LOGIC_1164.**ALL**;　--调用其中的 STD_LOGIC_1164 程序包

此外还有其他一些常用的标准程序包，如 STD_LOGIC_UNSIGNED 和 STD_LOGIC_SIGNED，这两个包都预先编译于 IEEE 库内，这些程序包重载了可用于 INTEGER、STD_LOGIC 及 STD_LOGIC_VECTOR 几种类型数据之间混合运算的运算符，如 "+" 的重载运算符在计数器的 VHDL 描述中的使用情况见例 2-3。

【例2-3】 重载运算符"+"在计数器的 VHDL 描述中的使用。

```vhdl
LIBRARY IEEE;
USE IEEE.STD_LOGIC_1164.ALL;
USE IEEE.STD_LOGIC_UNSIGNED.ALL;
ENTITY counter IS
      PORT( clk : IN       STD_LOGIC;
            Q: BUFFER      STD_LOGIC_VECTOR(2 DOWNTO 0));
END counter;
ARCHITECTURE a OF counter IS
BEGIN
      PROCESS(clk)
      BEGIN
        IF clk' event AND clk='1' THEN
         Q<=Q+1;                   --注意该语句"+"两侧的数据类型
        END IF;
      END PROCESS;
END a;
```

该例中，Q 是 STD_LOGIC_VECTOR 类型，但它却与整数"1"直接相加，这完全得益于程序包 STD_LOGIC_UNSIGNED 中对"+"进行了函数重载。

2.1.3 Testbench 设计方法

1. VHDL 仿真概述

当使用 VHDL 语言设计的数字逻辑电路更复杂时，仿真验证就非常重要，是保证一个项目设计成功的重要方法。在实际仿真中，需要一个 VHDL 仿真器来实现，目前有很多功能强大的仿真器，而 Modelsim 是应用最广泛的仿真器之一，本任务将以 Modelsim 为仿真工具软件来讲述 VHDL 的仿真操作。在编写好 VHDL 程序，并检查完语法后，就可以进行 VHDL 程序的仿真操作。通过仿真验证，可以为后续的综合和布局布线节省更多的时间，从而保证项目的顺利完成。

VHDL 仿真器通常需要两个输入，即设计的描述(项目的 VHDL 程序)和驱动设计的激励。有时候设计项目的 VHDL 程序本身可能是一个自激励的程序，不需要外部的激励。但在大多数情况下，设计工程师需要开发出与设计项目的 VHDL 程序相对应的激励程序，这个激励程序就是测试平台文件(以下称 Testbench)。

为了对设计项目进行仿真,在完成了项目的 VHDL 程序开发后,必须编写其 Testbench。仿真工具会加载 VHDL 的 Testbench 和原项目文件，然后进行编译仿真，从而实现硬件的仿真验证。Testbench 可以是一个简单的 VHDL 程序，它和需要仿真的项目文件的实体对应，并且具有相应的激励信号即可。当然 Testbench 也可以是复杂的 VHDL 程序，它可以从磁盘文件中读取数据，并将测试结果输出到屏幕或者保存到磁盘文件中。

仿真模型设计的基本结构如图 2.15 所示，顶层的描述包含两个元件，即所测试的设计项目元件(Design Under Test，DUT)和激励驱动器。这些元件之间通过设计项目的实体信号连接。仿真模型结构的顶层并不包括任何外部端口，仅仅是连接两个元件的内部信号。

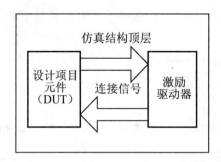

图 2.15 仿真模型设计的基本结构

2. Testbench 写法

一个 Testbench 就是一个 VHDL 模型，可以用来验证所设计模型的正确性。Testbench 为所测试的元件提供了激励信号，仿真结果可以以波形的方式显示或存储测试结果到文件中。激励信号可以直接集成在 Testbench 中，也可从外部文件加载。可以直接使用 VHDL 语言来编写 Testbench 文件。

1) Testbench 的结构

使用 VHDL 编写 Testbench 文件，所有的基本 VHDL 语法都适用，但是 Testbench 文件与一般的项目设计文件存在一些区别。一个测试平台文件必须包括与所测试的元件(DUT)相对应的元件声明，以及输入到 DUT 的激励描述。一个 Testbench 文件的基本结构如下。

```vhdl
LIBRARY ieee;
USE ieee.std_logic_1164.ALL;
--库函数声明
ENTITY BCD_DH_test IS
END BCD_DH_test;
--Testbench 的空实体(不需要定义端口)
ARCHITECTURE behavior OF BCD_DH_test IS
   COMPONENT BCD_DH
   PORT(
       Zclk : IN std_logic;
       BCDin : IN std_logic_vector(11 DOWNTO 0);
       Hout : OUT std_logic_vector(11 DOWNTO 0);
       RST : IN std_logic
       );
   END COMPONENT;
   --被测试元件的声明
SIGNAL Zclk : std_logic := '0';
SIGNAL BCDin : std_logic_vector(11 DOWNTO 0) := (others => '0');
SIGNAL RST : std_logic := '0';
SIGNAL Hout : std_logic_vector(11 DOWNTO 0);
--局部信号的声明
CONSTANT Zclk_period : time := 10 ns;
--时钟周期的定义
```

```
    BEGIN
      uut: BCD_DH PORT MAP (
          Zclk => Zclk,
          BCDin => BCDin,
          Hout => Hout,
          RST => RST
        );    --被测试元件的例化或声明
      Zclk_PROCESS :PROCESS
    BEGIN
        Zclk <= '0';
        WAIT FOR 0.001 μs;
        Zclk <= '1';
        WAIT FOR 0.001 μs;
    END PROCESS;
    --产生时钟信号
    stim_proc: PROCESS
    BEGIN
      BCDin <= "001001001000";
      WAIT FOR 1 ms;
        BCDin <= "010001100100";
      WAIT FOR 1 ms;
    END PROCESS;
  --产生激励信号
  END;
```

从上面的基本结构中，可以看出其中包含几个最基本的语句，即实体的定义，所测试元件的例化，产生时钟信号和产生激励源等语句。Testbench 中的实体定义不需要定义端口，也就是说 Testbench 没有输入输出端口，它只是和被测试元件(DUT)通过内部信号连接。

2) 激励信号的产生

有两种方式产生激励信号，一种是以一定的离散时间间隔产生激励信号的波形，另一种是基于实体的状态产生激励信号，也就是说基于实体的输出响应产生激励信号。

在 Testbench 中有两种常用的激励信号：一种是周期性的激励信号，其波形是周期性变化的；另一种是时序变化的，比如复位信号以及其他输入信号。下面用各实例来讲述激励信号的产生。

(1) 时钟信号。一个周期性的激励信号可以使用一个并行的信号赋值语句来建立，例如下面的语句即可建立周期为 40ns 的信号。其波形如图 2.16 所示。

```
A<= NOT A AFTER 20 ns;    --产生一个周期为40ns 的信号 A
```

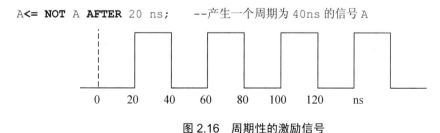

图 2.16 周期性的激励信号

时钟信号是同步设计中最重要的信号之一。它即可以使用并行的信号赋值语句产生(如上面的语句)，也可以使用时钟产生的进程来实现定义。当使用并行的信号赋值语句时，产生的时钟可以是对称的或是不对称的，但信号的初值不能为"u"，它的初值必须是明确声明的"1"或"0"。如果使用进程来定义时钟信号，也可以产生各种时钟信号，包括对称和不对称的。

在大部分情况下，时钟信号是一直运行的，并且是对称的。当定义不对称的时钟信号时，如果使用并行信号赋值语句，则需要使用条件信号赋值语句；如果使用进程，则比较简单，使用顺序逻辑就可以了。例如下面的语句，使用了条件信号赋值语句，定义了一个25%占空比的时钟信号。

```
W_clk <= '0' AFTER period/4 WHEN W_clk='1' ELSE
        '1' AFTER 3*period/4 WHEN W_clk='0' ELSE
        '0';
```

上述两个信号，即对称和不对称的时钟信号，也可以使用进程来定义。下面的语句即可分别实现上述的并行语句定义的时钟信号。

```
clk_gen1: PROCESS   --产生对称的时钟信号，周期为40ns
CONSTANT clk_period : time := 40 ns;
BEGIN
    clk<='1';
    WAIT FOR clk_period/2;
    clk<='0';
    WAIT FOR clk_period/2;
END PROCESS;

clk_gen1: PROCESS   --产生不对称的时钟信号，周期为40ns，占空比为25%
CONSTANT clk_period : time := 40 ns;
BEGIN
    clk<='1';
    WAIT FOR clk_period/4;
    clk<='0';
    WAIT FOR 3*clk_period/4;
END PROCESS;
```

(2) 复位信号。在仿真开始时，通常需要使用复位信号对系统进行复位，以便初始化系统。通常复位信号可以以并行赋值语句来实现，也可以在进程中设定。例如下面的复位信号的设置：仿真开始时复位信号为"0"，经过20ns后，复位信号变成"1"，再经过20ns后，复位信号变成"0"，其波形如图2.17所示。

```
Reset <= '0', '1' AFTER 20 ns, '0' AFTER 40 ns;
```

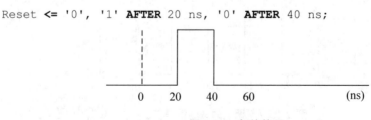

图2.17　复位信号

再看另一个复位信号的设置实例,例如下面的代码。Reset 初始信号为"0";经过 100ns 后,变为"1",经过 80ns,该信号变为"0",再经过 30ns,信号变为"1"。波形图如图 2.18 所示。

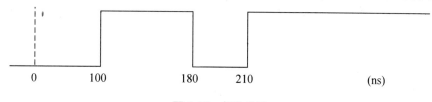

图 2.18 复位信号

(3) 周期性信号。可以在进程中使用信号赋值语句来实现信号的周期性设置。例如下面的实例代码,定义了两个周期性信号,为了实现信号的周期变化,后面使用了一个 WAIT 语句,其波形如图 2.19 所示。

```
SIGNAL clk1, clk2 : std_logic := '0';
……
Two_gen : PROCESS
     BEGIN
          clk1 <= '1' AFTER 5 ns, '0' AFTER 10 ns, '1' AFTER 20 ns, '0' AFTER 25 ns;
          clk2 <= '1' AFTER 10 ns, '0' AFTER 20 ns, '1' AFTER 25 ns, '0' AFTER 30 ns;
          WAIT FOR 35 ns;
     END PROCESS;
```

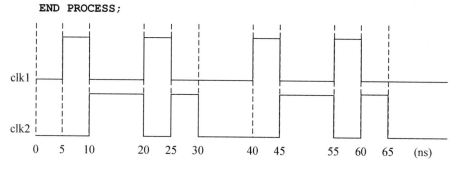

图 2.19 周期信号

(4) 使用延时 DELAYED。还可以使用预定义属性 DELAYED 关键词来产生信号。比如已经产生了一个时钟信号,在这个时钟信号的基础上,可以使用 DELAYED 来使已产生的时钟信号延时一定的时间,从而获得另一个时钟信号。

例如我们已经使用如下的语句定义了一个时钟信号 W_clk。

```
W_clk <= '1' AFTER 30 ns WHEN W_clk='0' ELSE
        '0' AFTER 20 ns;
```

然后可以使用如下的延时语句获得新的时钟信号 DLY_W_CLK,它比 W_clk 延时了 10ns。这两个时钟信号波形如图 2.20 所示。

```
DLY_W_CLK <= W_clk' DELAYED(10 ns);
```

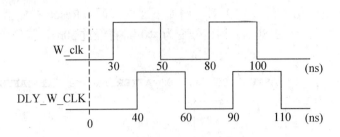

图 2.20　延时信号

(5) 一般激励信号。可以定义普通的激励信号来用作模型的输入信号。定义一般的激励信号通常在进程中定义。一般都可以使用 WAIT 语句来定义一般的激励信号。例如下面的激励信号的定义，其波形图如图 2.21 所示。

```
SIGNAL c :std_logic :='0';
PROCESS
   BEGIN
      WAIT FOR 80 ns;
      c<='1';
      WAIT FOR 50 ns;
      c<='0';
      WAIT FOR 60 ns;
      c<='1';
      WAIT FOR 120 ns;
      c<='0';
      ……
      WAIT;  --一直等待
END PROCESS;
```

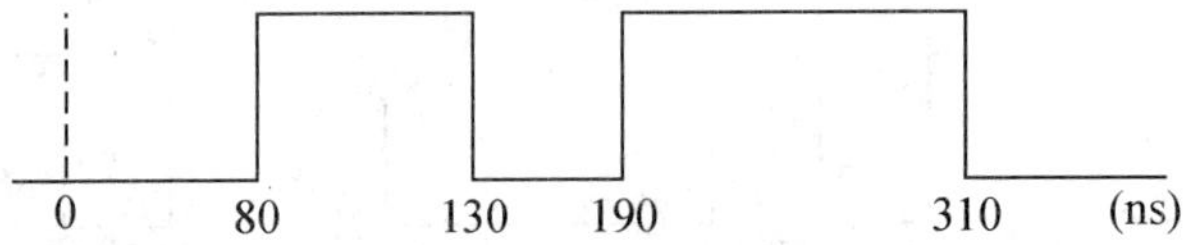

图 2.21　一般激励信号

(6) 动态激励信号。动态激励信号就是与被仿真的实体(DUT)的行为模型有关，即 DUT 的输入激励信号受模型的行为影响。比如下面的信号定义，模型的输入信号 sig_a 和模型输出信号 count 有关。

```
PROCESS(count)
BEGIN
   CASE count IS
      WHEN 2 => sig_a<='1' AFTER 10 ns;
      WHEN others =>sig_a<='0' AFTER 10ns;
   END CASE;
END PROCESS;
```

任务 2.2　简单时序电路的 VHDL 描述

与其他硬件描述语言相比，在时序电路的描述上，VHDL 语言具有很多独特之处。最明显的是 VHDL 语言主要通过对时序器件功能和逻辑行为的描述，而非结构上的描述使得计算机综合出符合要求的时序电路，从而充分体现了 VHDL 电路系统行为描述的强大功能。

技能训练 2.2

二进制计数器的 VHDL 描述

1. 任务分析

我们可以把模为 2^n 的计数器称为二进制计数器，如模 4、模 8 或模 16 等计数器，模 16 的二进制计数器状态转移图如图 2.22 所示。

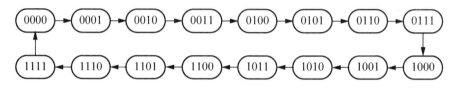

图 2.22　模 16 二进制计数器状态转移图

如图 2.22 所示，我们可以将该计数器看作由 4 位二进制数构成，当 clk 上升沿到来时，即自加 1，当计数到 "1111" 状态时，下一个状态即回到 "0000"。

2. 任务实现

以模为 16 的二进制计数器为例，我们采用行为描述方式来实现。由于采用 "+" 运算，因此应包含 IEEE.STD_LOGIC_UNSIGNED.ALL 程序包。留意本任务中信号 count 的使用。对应的 VHDL 代码如下所示：

```
LIBRARY IEEE;
USE IEEE.STD_LOGIC_1164.ALL;
USE IEEE.STD_LOGIC_UNSIGNED.ALL;

ENTITY count4 IS
   PORT(
         clr: IN STD_LOGIC;
         clk: IN STD_LOGIC;
         q: OUT STD_LOGIC_VECTOR(3 DOWNTO 0)
        );
END count4;

ARCHITECTURE count4 OF count4 IS
SIGNAL count: STD_LOGIC_VECTOR(3 DOWNTO 0);
BEGIN
```

```vhdl
   -- 4-bit counter
   PROCESS(clk, clr)
   BEGIN
      IF clr = '1' THEN
         count <= "0000";
      ELSIF clk' event AND clk = '1' THEN
         count <= count + 1;
      END IF;
   END PROCESS;
   q <= count;
END count4;
```

该 VHDL 代码对应的 Test Bench 代码如下。

```vhdl
LIBRARY ieee;
USE ieee.std_logic_1164.ALL;

ENTITY test IS
END test;

ARCHITECTURE behavior OF test IS

   COMPONENT count4
   PORT(
       clr : IN  std_logic;
       clk : IN  std_logic;
       q : OUT  std_logic_vector(3 DOWNTO 0)
      );
   END COMPONENT;

   SIGNAL clr : std_logic := '0';
   SIGNAL clk : std_logic := '0';
   SIGNAL q : std_logic_vector(3 DOWNTO 0);
   CONSTANT clk_period : time := 10 ns;
BEGIN

   uut: count4 PORT map (
       clr => clr,
       clk => clk,
       q => q
      );

   clk_PROCESS :PROCESS
   BEGIN
       clk <= '0';
       WAIT FOR clk_period/2;
       clk <= '1';
       WAIT FOR clk_period/2;
```

```
    END PROCESS;

    stim_proc: PROCESS
    BEGIN
        clr<='1';
        WAIT FOR 10 ns;
        clr<='0';
      WAIT;
    END PROCESS;
END;
```

模 16 的二进制计数器仿真波形图如图 2.23 所示，可以看到计数器状态从"0000"开始，当 clk 上升沿到来时即加 1，直到"1111"又回到"0000"状态，与图 2.23 所示状态转移图一致。

图 2.23　模 16 的二进制计数器仿真波形图

2.2.1　并行语句

由于硬件描述语言所描述的实际系统，其许多操作是并发的，所以在对系统进行仿真时，这些系统中的元件在定义的仿真时刻应该是并发工作，并发语句就是用来描述这种并发行为的。并发语句有两种状态，即激活态和空闲态。激活态是指语句被激活进而执行相关操作的状态；空闲态是指语句执行完毕之后转为挂起休眠，等待下一次激活的状态。

在 VHDL 程序中，只有一个区域可以放置并发语句，即构造体的 BEGIN 和 END 之间，称为并发域。并发域内的所有语句都具有相同的优先权和重要性。可以将并发 VHDL 语句想象成一种列表，其中各种各样的语句仅与不同的对象类型有联系。

1. 并行信号赋值语句

并行信号赋值语句就是对信号量的赋值操作，是最简单且最通用的并发语句。基本的语法格式为

信号名<=表达式 [**AFTER** t];

其中，表达式可以包含有信号、常量、运算符等。例如：

```
Q<= a OR (b AND c);
Y<= x + cnt AFTER 10ns;
```

当赋值号"<="右边表达式中的信号发生变化时，语句被激活。可见，一条并行信号赋值语句实际相当于一个进程。

并行信号赋值语句有两个变型，即条件信号赋值语句和选择信号赋值语句，分别与顺序语句中的分支控制语句 IF 和 CASE 相对应。

1) 条件信号赋值语句

条件信号赋值语句可以根据不同条件将不同的多个表达式之一的值代入信号量，其语法格式为

目标信号**<=**表达式 1　**WHEN**　条件表达式 1　**ELSE**
　　　　　表达式 2　**WHEN**　条件表达式 2　**ELSE**
　　　　　……
　　　　　表达式 n　**WHEN**　OTHERS；

在每个表达式后面都跟有用"**WHEN**"指定的条件，如果满足该条件，则该表达式的值代入目标信号，否则再判别下一个表达式所指定的条件。最后一个表达式可以不跟条件，它表明在上述表达式所指明的条件都不满足时，则将该表达式的值代入目标信号。最后一行也可以写作"表达式 n **WHEN** OTHERS"，这样可以确保 **WHEN** 子句能够覆盖所有可能的条件。

特别提示

条件信号赋值语句所列出的条件有一个隐含的优先级，先列出的优先级高，最后给出的条件优先级最低。

2) 选择信号赋值语句

选择信号赋值语句类似于条件信号赋值语句，不同之处在于选择信号赋值语句没有隐含的优先级，其语法格式为

```
WITH 选择表达式 SELECT
目标信号<=表达式 1    WHEN 选择条件 1,
         表达式 2    WHEN 选择条件 2,
         ……
         表达式 n    WHEN 选择条件 n;
```

【例 2-4】　四选一电路程序。

```
LIBRARY IEEE;
 USE IEEE.STD_LOGIC_1164.ALL;
 USE IEEE.STD_LOGIC_UNSIGNED.ALL;

ENTITY mux4 IS
   PORT(input:IN STD_LOGIC_VECTOR(3 DOWNTO 0);
        sel:IN STD_LOGIC_VECTOR(1 DOWNTO 0);
         y:OUT STD_LOGIC );
END mux4;
ARCHITECTURE rtl OF mux4  IS
BEGIN
 WITH sel SELECT
     y<=input(0) WHEN "00",
        input(1) WHEN "01",
        input(2) WHEN "10",
        input(3) WHEN "11",
        'X'      WHEN OTHERS;
    END rtl;
```

学习情境 2　认识 VHDL 语言

注意：用 **WITH_SELECT_WHEN** 语句赋值时，必须列出所有的输入取值，且各值不能重复。例 2-4 中最后一句 **WHEN** OTHERS 包含了所有未列举出的可能情况，此句必不可少。特别是对于 STD_LOGIC 类型的数据，由于该类型数据取值除了"1"和"0"外，还有可能是"U"、"X"、"Z"、"-"等情况，若不用 **WHEN** OTHERS 代表未列出的取值情况，编译器将指出"赋值涵盖不完整"。

3) 进程语句

进程语句 PROCESS 是最常用的 VHDL 语句之一，极具 VHDL 特色。一个结构体中可以含有多个 PROCESS 结构，每一个 PROCESS 结构对于其敏感信号参数表中定义的任一敏感参量的变化，该进程可以在任何时刻被激活。不但所有被激活的进程都是并行运行的，当 PROCESS 与其他并行语句(包括其他 PROCESS 语句)一起出现在结构体内时，它们之间也是并行的。不管它们的书写顺序如何，只要有相应的敏感信号的变化就能启动 PROCESS 立刻执行，所以 PROCESS 本身属于并行语句。

进程虽归类为并行语句，但其内部的语句却是顺序执行的，当设计者需要以顺序执行的方式描述某个功能部件时，就可将该功能部件以进程的形式写出来。由于进程的顺序性，编写者不能像写并行语句那样随意安排 PROCESS 内部各语句的先后位置，必须密切关注所写语句的先后顺序，不同的语句书写顺序将导致不同的硬件设计结果。

进程的语法结构为

[进程名]：**PROCESS**(敏感信号表)
[进程说明部分]
BEGIN
进程程序区
　　……
END PROCESS；

进程名是进程的命名，并不是必需的。括号中的信号是进程的敏感信号，任一个敏感信号改变，进程中由顺序语句定义的行为就会重新执行一遍。进程说明部分对该进程所需的局部数据环境进行定义。BEGIN 和 END PROCESS 之间是由设计者输入的描述进程行为的顺序执行语句。进程行为的结果可以赋给信号，并通过信号被其他的 PROCESS 或 BLOCK 读取或赋值。当进程中最后一个语句执行完成后，执行过程将返回到进程的第一个语句，以等待下一次敏感信号变化。

如上所述，PROCESS 语句结构通常由三部分组成：进程说明部分、顺序描述语句部分和敏感信号参数表。进程说明部分主要是定义一些局部量，可包括数据类型、常数、变量、属性、子程序等，例如 PROCESS 内部需要用到变量时，需首先在说明部分对该变量的名称、数据类型进行说明。顺序描述语句部分可分为赋值语句、进程启动语句、子程序调用语句、顺序描述语句和进程跳出语句等。敏感信号参数表列出用于启动本进程可读入的信号名。

在进行进程的设计时，需要注意以下几个方面的问题。

(1) 同一结构体中的进程是并行的，但同一进程中的逻辑描述是顺序运行的。

(2) 进程是由敏感信号的变化启动的，如果没有敏感信号，则在进程中必须有一个显式的 WAIT 语句来激励。如例 4-6 中若进程敏感信号表中无任何敏感信号，则其进程内部必须包含一条 WAIT 语句,以便代替敏感信号表来监视信号的变化情况。如例 4-7 部分可改为如下所示。

```
St_change: PROCESS
      BEGIN
      WAIT UNTIL clk ;                --等待 clk 信号发生变化
      IF (clk' EVENT AND clk='1') THEN
… …
END PORCESS;
```

可以说,WAIT 语句是一种隐式的敏感信号表,事实上,任何一个进程的敏感信号表与 WAIT 语句必具其一,而一旦有了敏感信号表就决不允许使用 WAIT 语句。

(3) 结构体中多个进程之间的通信是通过信号和共享变量值来实现的。也就是说,对于结构体而言,信号具有全局特性,是进程间进行并行联系的重要途径,所以进程的说明部分不允许定义信号和共享变量。

2.2.2 数据对象

在 VHDL 语言中,数据对象类似于一种容器,它接受不同数据类型的赋值。数据对象有 3 类,即信号(SIGNAL)、变量(VARIABLE)和常量(CONSTANT)。含义和说明场合见表 2-2。

表 2-2　VHDL 语言 3 类客体的含义和说明场合

对象类别	含　　义	说明场合
信　号	信号说明全局量	实体,结构体,程序包
变　量	变量说明局部量	进程,函数,过程
常　数	常数说明全局量	以上场合均可存在

1. 常数

常数(CONSTANT)是一个固定的值。所谓常数说明,就是对某一常数名赋予一个固定的值。通常赋值在程序开始前进行,该值的数据类型则在说明语句中指明。常数说明的一般格式如下。

CONSTANT 常数名:常数类型:=表达式

例如,下面这个语句定义了一个时间类型的常量,其初值为 20ns。

CONSTANT delay1:TIME:=20ns;

常数一旦赋值就不能再改变。另外,常数所赋的值应和定义的数据类型一致。如下面格式的说明就是错误的。

CONSTANT Vcc:REAL:="0101";

其中 REAL 是实数,赋值时必须要包含小数部分,而所赋值"0101"显然不对。

2. 变量

变量(VARIABLE)只能在进程语句、函数语句和过程语句结构中定义和使用，它是一个局部变量，可以多次进行赋值。在仿真过程中，它不像信号，到了规定的仿真时间才进行赋值，变量的赋值是立即生效的。变量说明语句的格式为

VARIABLE 变量名:数据类型 约束条件:=初始表达式;

例如，定义一个8位的变量数组的语句如下所示：

VARIABLE temp:**OUT** STD_LOGIC_VECTOR (7 **DOWNTO** 0);

变量的赋值符号是":="，变量的赋值是立刻发生的，因而不允许产生附加时延。例如，a、b、c都是变量，则使用下面的语句产生时延是不合法的。

    a:=b+c **AFTER** 10ns;

3. 信号

信号(SIGNAL)可看作硬件连线的一种抽象表示，它既能保持变化的数据，又可连接各元件作为元件之间数据传输的通路。信号通常在结构体、程序包和实体中说明。信号说明的格式如下。

SIGNAL 信号名:数据类型 约束条件 表达式

例如：

SIGNAL qout: STD_LOGIC_VECTOR (4 **DOWNTO** 0);

在程序中，信号值的代入采用符号"<="，信号代入时可以产生附加时延。

信号是一个全局变量，可以用来进行进程之间的通信。在VHDL语言中对信号赋值一般是按仿真时间来进行的，而且信号值的改变也需按仿真时间的计划表行事。

归纳起来，信号与变量的区别主要有以下几点。

(1) 值的代入形式不同，信号值的代入采用符号"<="，而变量的赋值语句为":="。

(2) 信号是全局量，是一个实体内部各部分之间以及实体之间(实际上端口PORT被默认为信号)进行通信的手段；而变量是局部量，只允许定义并作用于进程和子程序中，变量须首先赋值给信号，然后由信号将其值带出进程或子程序。

(3) 操作过程不相同。在变量的赋值语句中，该语句一旦执行，其值立刻被赋予新值。在执行下一条语句时，该变量的值就用新赋的值参与运算。而在信号赋置语句中，该语句虽然已被执行，但新的信号值并没有立即代入，因而下一条语句执行时，仍使用原来的信号值。在结构体的并行部分，信号被赋值一次以上编译器将给出错误报告，指出同一信号出现了两个驱动源。进程中，对同一信号赋值超过两次编译器将给出警告，指出只有最后一次赋值有效。

【例2-5】 变量与信号的区别。

```
LIBRARY IEEE;
USE IEEE.STD_LOGIC_1164.ALL;
USE IEEE.STD_LOGIC_UNSIGNED.ALL;
ENTITY exam IS
    PORT(   clk:IN STD_LOGIC;
            qa:OUT STD_LOGIC_VECTOR(3 DOWNTO 0);
            qb:OUT STD_LOGIC_VECTOR(3 DOWNTO 0) );
END exam;
ARCHITECTURE compar OF exam IS
    SIGNAL  b : STD_LOGIC_VECTOR(3 DOWNTO 0):="0000";
BEGIN
    PROCESS (clk)
        VARIABLE a : STD_LOGIC_VECTOR(3 DOWNTO 0):="0000";
    BEGIN
            IF clk'event AND clk='1' THEN
                a:=a+1;
                a:=a+1;
                b<=b+1;        --这条语句对程序运行结果无影响
                b<=b+1;
            END IF;
            qa<=a;             --变量的值可以传送给信号，信号将其值带出进程或子程序
            qb<=b;
    END PROCESS;
END compar;
```

图 2.24 所示是程序的仿真结果，从图中可清楚地看到，虽然变量 a 与信号 b 在语句上完全相同，但它们的运行效果却相差甚远。由于变量的赋值指令执行后，其赋值行为是立刻进行的，因此在每次 clk 启动进程后，变量 a 都要被连加两次 1。而信号 b 的运行结果相当于每次进程只执行了一次加 1 操作，这是因为当信号的赋值语句被执行后，赋值行为并不立刻发生，而须等进程执行结束，即退出进程后才根据最近一次的对 b 赋值语句将有关值代入 b。正确认识信号与变量的区别对编程者正确表达其描述意图有重要作用，希望读者通过例 2-5 加深理解。

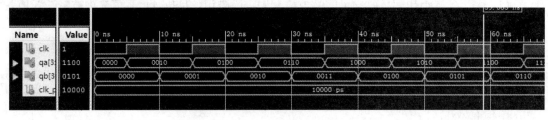

图 2.24　例 2-5 程序的仿真结果

2.2.3 顺序语句

顺序语句的执行顺序与它们的书写顺序基本一致，它们只能应用于进程和子程序中。顺序语句包括 4 类，即赋值语句、分支控制语句、循环控制语句和同步控制语句。

1. 赋值语句

赋值语句包括两种，即信号赋值和变量赋值。并行的赋值语句的赋值目标只能是信号，而顺序赋值语句不但可对信号赋值，也可对变量赋值。在进程内，信号和变量具有根本的行为差别，即变量可以立即被赋予一个新值，预定给信号的赋值则不能立即生效，直到相应的进程(或子程序)被挂起。因此，使用顺序语句描述复杂的组合逻辑电路时，必须谨慎使用对象类型，以防偏离设计意图。而且，变量值只能在进程(或子程序)内部使用，无法传递到进程(子程序)之外，类似于一般高级语言的局部变量，只在局部范围内才有效。

对变量赋值时，其语句格式为

变量赋值目标:=赋值源；

对信号赋值时，其语句格式为

信号赋值目标<=赋值源；

2. IF 语句

IF 语句是使用最普遍的分支控制语句，根据所指定的条件来确定执行哪些语句。IF 语句有 3 种基本格式：简单 IF 语句、两分支 IF 语句与多分支 IF 语句。流程图如图 2.25 所示。其语句格式如下。

简单 IF 语句：

```
IF 条件表达式 THEN
    顺序语句；
END IF；
```

两分支 IF 语句：

```
IF 条件表达式 THEN
    顺序语句；
ELSE
    顺序语句；
END IF；
```

多分支 IF 语句：

```
IF 条件表达式 THEN
    顺序语句；
ELSIF 条件表达式 THEN
    顺序语句；
ELSE
    顺序语句；
END IF；
```

提醒读者：多分支 IF 语句中的"**ELSIF**"并不是"**ELSE IF**"，书写时需要注意。

简单 IF 语句流程图：　　　　　　　两分支 IF 语句流程图：

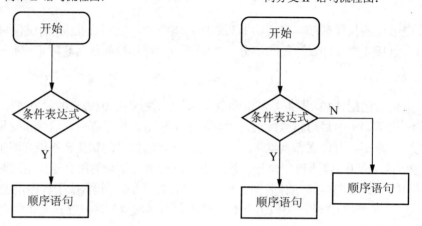

多分支 IF 语句流程图：

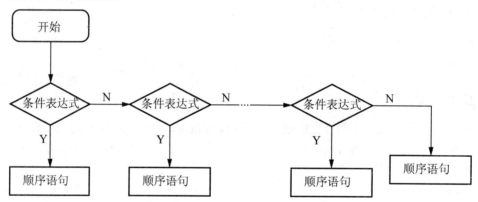

图 2.25　IF 语句流程图

【例 2-6】　描述一个反向器。

```
……
IF a='0' THEN  b<='1';
    ELSE b<='0';
END IF;
……
```

【例 2-7】　描述一个带清零端 clrn 的 D 触发器。

```
……
SIGNAL qout:STD_LOGIC;
IF clrn='0'
      THEN qout<='0';              --若清零端有效，则输出清 0
  ELSIF clk' event AND clk='1'
      THEN qout<=d ;               --清零端无效，则时钟上升沿时输出为 d
END IF;
……
```

若要该 D 触发器再增加使能端 en(要求高电平时使能)，则语句改为

```
……
IF clrn='0'
    THEN qout<='0';
ELSIF clk' event AND clk='1' THEN   -- clk' event AND clk='1'表示时钟上升沿
    IF en='1' THEN qout<=d ;          --若使能端有效，则输出为 d
    ELSE  qout<=qout ;                --若使能端无效，则保持原值
    END IF;
END IF;
……
```

3. CASE 语句

CASE 语句也是分支控制语句，用来描述总线或编码、译码的行为，从许多不同语句的序列中选择其中之一执行。虽然 IF 语句也有类似的功能，但 CASE 语句的可读性比 IF 语句要好得多，当程序的分支比较多的时候，CASE 语句更加适用。

CASE 语句的语句格式为

```
CASE 表达式 IS
    WHEN  测试表达式 1 =>顺序语句 1;
    WHEN  测试表达式 2 =>顺序语句 2;
    ……
    WHEN  测试表达式 n =>顺序语句 n;
    WHEN  OTHERS =>顺序语句 n+1;
END CASE;
```

用一个例子了解 CASE 语句的使用方法。例 2-8 描述了一个 4 选 1 的数据选择器。

【例 2-8】 4 选 1 的数据选择器。

```
LIBRARY IEEE;
USE IEEE.STD_LOGIC_1164.ALL;

ENTITY mux41c IS
    PORT(
        c: IN STD_LOGIC_VECTOR(3 DOWNTO 0);
        s: IN STD_LOGIC_VECTOR(1 DOWNTO 0);
        z: OUT STD_LOGIC
        );
END mux41c;

ARCHITECTURE mux41c OF mux41c IS

BEGIN
    p1: PROCESS(c, s)
    BEGIN
        CASE s IS
        WHEN "00" =>  z <= c(0);
            WHEN "01" =>  z <= c(1);
            WHEN "10" =>  z <= c(2);
            WHEN "11" =>  z <= c(3);
```

```
            WHEN others => z <= c(0);
        END CASE;
    END PROCESS;
END mux41c;
```

使用 CASE 语句需注意以下几点。

(1) 当执行到 CASE 语句时，首先计算表达式的值，将计算结果与备选的常数值进行比较，并执行与表达式值相同的常数值所对应的顺序语句。知道了这个过程就很容易理解，若某个常数值出现了两次，而两次所对应的顺序语句不相同，编译器将无法判断究竟应该执行哪条语句，因此 CASE 语句要求 **WHEN** 后所跟的备选常数值不能重复。

(2) 注意到例 2-8 中 CASE 语句的最后有一句"**WHEN** others"语句。该语句代表已给的各常数值中未能列出的其他可能的取值。除非给出的常数值涵盖了所有可能的取值，否则最后一句必须加"others"。比如某信号是 STD_LOGIC 类型，则该信号可能的取值除了"1"和"0"外，还有可能是"U"(未初始化)、"X"(强未知)、"Z"(高阻)、"-"(忽略)等其他可能的结果，若不加该语句，编译器会给出错误信息，指出若干值没有指定(如有的编译器给出错信息"choices 'u' **TO** '-' **NOT** specified")。

(3) CASE 的常数值部分表达方法有：单个取值(如 7)、数值范围(5 **TO** 7，即取值为 5、6、7)、并列值(如 4 | 7 表示取 4 或取 7 时)。

(4) 对于本身就有优先关系的逻辑关系(如优先编码器)，用 IF 语句比用 CASE 语句更合适。

4. LOOP 语句

LOOP 语句即循环语句，与其他高级语言一样，循环语句使它所包含的语句重复执行若干次。VHDL 的循环语句有 3 种基本格式。

1) 第一种格式

[标号]: **FOR** 循环变量 **IN** 循环下限 **TO** 循环上限 **LOOP**
 顺序语句序列；
END LOOP [标号];

这种结构的循环语句，其循环次数由循环上下限决定，循环变量的值从循环下限开始，每循环一次自动指向下一个循环变量值，当循环变量值大于或等于循环上限时结束循环。循环变量不用事先声明，对于 FOR LOOP 结构，默认的循环变量为 i。

2) 第二种格式

[标号]: WHILE　条件表达式　**LOOP**
 顺序语句；
END LOOP[标号];

当条件表达式的值为真时，则执行内部的顺序语句序列，否则结束循环。

3) 第三种格式

[标号]: **LOOP**
　　……．
EXIT WHEN(条件表达式;
END LOOP;

无限循环语句是指不包含关键字 FOR 或 WHILE 的特殊 LOOP 语句结构。通常，在无限循环语句中都包含一个可退出循环的条件。其中，EXIT 为循环终止语句的关键字，当括号中的条件表达式为真时，退出循环。

【例 2-9】 8-3 线优先编码器。

```
LIBRARY IEEE;
USE IEEE.STD_LOGIC_1164.ALL;
USE IEEE.STD_LOGIC_ARITH.ALL;
USE IEEE.STD_LOGIC_UNSIGNED.ALL;

ENTITY pencode83 IS
    PORT(
         x: IN STD_LOGIC_VECTOR(7 downto 0);
         y: OUT STD_LOGIC_VECTOR(2 downto 0)
        );
END pencode83;

ARCHITECTURE pencode83 OF pencode83 IS
BEGIN
    PROCESS(x)
    VARIABLE j: integer;
    BEGIN
        y <= "000";
        FOR j IN 0 to 7 LOOP
            IF x(j) = '1' THEN
                y <= conv_std_logic_vector(j,3);
            END IF;
        END LOOP;
    END PROCESS;
END pencode83;
```

优先编码器的实现采用了 **FOR** 循环来实现，注意，由于 **FOR** 循环是从 0 到 7 的，x(j)=1 这最后一个情况将把 j 的最终值赋给 y。因此，x(7)具有最高的优先级。这里还用到了"y <= conv_std_logic_vector(j,3);"，它的作用是把整型的 j 转换成 3 位的 STD_LOGIC_VECTOR 信号 y。

5. EXIT 语句

由于各种原因，有可能在循环终止条件还没有满足的情况下，需要提前跳出循环。前面介绍的 3 种 LOOP 语句，都可以通过使用 EXIT 语句实现循环的提前结束。其语法格式包括以下 3 种。

```
EXIT;
EXIT 标号;
EXIT 标号 WHEN 条件表达式;
```

【例2-10】 EXIT应用举例。

```
PROCESS(x)
    VARIABLE int_x : integer;
BEGIN
    int_x := x;
    FOR i IN 0 TO max_limit LOOP
        IF(int_x<=0) THEN
            EXIT;
        ELSE
            int_x :=int_x -1;
            Q(i) <= 3.14/real(x*i);
        END IF;
    END LOOP;
    Y<=Q;
END PROCESS;
```

本例中int_x通常是大于0的整数值，如果int_x的取值为负或0，将出现错误，算式无法计算，所以此时应跳出循环，执行LOOP之后的语句。

EXIT语句是一条很有用的控制语句，当程序需要处理保护、出错和警告状态时，它能提供一个快捷、简便的方法。

6. NEXT语句

LOOP语句中，NEXT语句用于跳出本次循环，直接进入下一循环周期，书写格式为

NEXT [标号] [**WHEN** 条件表达式];

NEXT语句执行时将停止本次循环，从而进入下一次新的循环。NEXT后跟的"标号"表明下一次迭代的起始位置，而"**WHEN** 条件表达式"则表明NEXT语句执行的条件。如果NEXT语句后面既无标号也无条件，则只要执行到该语句就立即无条件跳出本次循环，从LOOP语句的起始位置进入下一次循环。

【例2-11】 NEXT应用举例。

```
PROCESS(table)
BEGIN
    Lp1: FOR i IN 10 DOWNTO 2 LOOP
     Lp2: FOR j IN 0 TO i LOOP
        NEXT lp1 WHEN i=j;
            Table(i,j) := i+j-7;
        END LOOP lp2;
    END LOOP lp1;
END PROCESS;
```

当满足i=j的条件时，Table(i,j) := i+j-7将不被执行，而是将j加1，进入Lp2语句的下一次循环。由此可知，NEXT语句实际上是用于LOOP语句的内部循环控制。

2.2.4 VHDL 运算符

在 VHDL 语言中共有 4 类操作符,可以分别进行逻辑运算、关系运算、算术运算和并置运算。需要提醒读者的是,被操作符所操作的操作数之间必须是同类型的,且操作数的类型应该和操作符所要求的类型相一致。但若某操作数和某些操作符要求的类型不符,而程序又需要该操作数必须使用这些操作符,此时应先对操作符进行重载,然后才可使用。例如,逻辑操作符(如 AND、XOR 等)要求的数据类型是 BIT 或 BOOLEAN,而 STD_LOGIC 型的数据是不可进行这些操作的,但在程序包 STD_LOGIC_1164 中重载了这些操作符,因此只要 VHDL 程序打开程序包 STD_LOGIC_1164,就可在随后的程序中使用逻辑操作符操作 STD_LOGIC 类型的数据。

另外,运算操作符是有优先级的,例如逻辑运算符 NOT 在所有操作符中的优先级最高。表 2-3 示出了操作符的优先次序。

表 2-3 操作符的优先级

操 作 符	优先等级
NOT,ABS,**	高
*,/,MOD,REM	↑
+(正号),-(负号)	
+(加),-(减),&(并置)	
SLL,SLA,SRL,SRA,ROL,ROR	
=,/=,<,<=,>,>=	
AND,OR,NAND,NOR,XOR,XNOR	低

1. 逻辑运算符

VHDL 语言中的逻辑运算符共有 7 种,分别为
NOT——取反;
AND——与;
OR——或;
NAND——与非;
NOR——或非;
XOR——异或;
XNOR——同或(VHDL-94 新增逻辑运算符)。

这 7 种逻辑运算符可以对"STD_LOGIC"和"BIT"等的逻辑型数据、"STD_LOGIC_VECTOR"逻辑型数组及布尔型数据进行逻辑运算。必须注意的是,运算符的左边和右边以及代入的信号的数据类型必须是相同的,否则编译时会给出出错警告。

当一个语句中存在两个以上的逻辑表达式时,在 C 语言中运算有自左至右的优先级顺序的规定,而在 VHDL 语言中,左右没有优先级差别。例如,在下例中,若去掉式中的括号,则从语法上来说是错误的。

X**<=**(a **AND** b) **OR** c；(去掉括号还是按照优先级进行运算？)

不过，如果一个逻辑表达式中只有一种逻辑运算符，例如只有"**AND**"或只有"**OR**"或只有"**XOR**"运算符时，那么改变运算的顺序不会导致逻辑的改变，此时括号就可以省略掉。例如：

a**<=**b **OR** c **OR** d **OR** e；

2. 算术运算符

VHDL 语言的算术运算符包括：

+ ——加；   - ——减；
* ——乘；   / ——除；
& ——并置；   MOD——求模；
REM——取余；   + ——正(一元运算)；
- ——负(一元运算)；   ** ——指数；
ABS——取绝对值；
SLL、SRL、SLA、SRA、ROL、ROR ——移位操作(VHDL-94 新增操作符)。

在算术运算中，一元运算的操作数可以为任何数据类型。加法和减法的操作数具有相同的整数类型，而且参加加、减运算的操作数的类型也必须相同。乘法、除法的操作数可以同为整数或实数。物理量可以被整数或实数相乘或相除，其结果仍为一个物理量。求模和取余的操作数必须是同一整数类型数据。一个指数运算符的左操作数可以是任意整数或实数，而右操作数应为一整数。

使用算术运算符，要严格遵循赋值语句两边数据位长一致的原则，否则编译时将出错。比如，对"STD_LOGIC_VECTOR"进行加、减运算，则要求操作符两边的操作数和运算结果的位长相同，否则编译时会给出语法出错信息。另外，乘法运算符两边的位长相加后的值和乘法运算结果的位长不同时，同样也会出现语法错误。

此外，使用算术运算符还要考虑操作数的符号问题，IEEE 库内有两个程序包 STD_LOGIC_SIGNED 和 STD_LOGIC_UNSIGNED，这两个程序包都定义了"+"号运算符，但 STD_LOGIC_SIGNED 程序包内的"+"运算符运算时会考虑操作数的符号，而程序包 STD_LOGIC_UNSIGNED 内的"+"运算符却不考虑操作数的符号(请读者思考什么情况下考虑)。

有一种特殊的运算，称为并置运算(或连接运算)，用符号"&"表示，它表示两部分的连接关系，并置运算符&不允许出现在赋值语句左边。例如"JLE" & "-2"的结果为"JLE-2"。

【例 2-12】 & 运算符示例。

```
LIBRARY IEEE;
USE IEEE.STD_LOGIC_1164.ALL;
USE IEEE.STD_LOGIC_UNSIGNED.ALL;
ENTITY mux4 IS
  PORT (input:IN STD_LOGIC_VECTOR(3 DOWNTO 0);
```

```
            a,b:IN STD_LOGIC;
            y: OUT STD_LOGIC );
    END mux4;
    ARCHITECTURE rtl OF mux4 IS
        SIGNAL sel:STD_LOGIC_VECTOR(1 DOWNTO 0);
    BEGIN
        sel<=a&b;                              --使用了&运算符
     WITH sel SELECT
        y<=input(0) WHEN "00",
           input(1) WHEN "01",
           input(2) WHEN "10",
           input(3) WHEN "11",
           'X' WHEN OTHERS;
    END rtl;
```

例 2-12 中的信号 sel 是两位数组，而作为选择信号输入的 a、b 都是一位数据，此时就可使用并置符号"&"将两个一位的 a、b 合并成两位，然后直接将 a、b 赋值给 sel。

在数据位较长的情况下，使用算术运算符进行运算，特别是乘法和除法运算符，应特别慎重。因为乘除法综合后所对应的硬件电路将耗费巨大的硬件资源，如对 16 位的乘法运算，综合后的逻辑门电路有可能会超过 2000 个。实际上，当硬件资源有限而必须有乘法操作时，通常可用加法的形式实现乘法运算，这样可有效节约硬件资源。例 2-13 就是一个应用加法实现乘法的典型例子，也是并置运算符的典型应用，其运算原理如图 2.26 所示。

【例 2-13】 3×3 乘法器。

```
LIBRARY IEEE;
    USE IEEE.STD_LOGIC_1164.ALL;
    USE IEEE.STD_LOGIC_UNSIGNED.ALL;
ENTITY mul3_3 IS
    PORT(   a,b   : IN STD_LOGIC_VECTOR(2 DOWNTO 0);
            m: OUT STD_LOGIC_VECTOR(5 DOWNTO 0));
END mul3_3;
ARCHITECTURE exam OF mul3_3 IS
        SIGNAL temp1: STD_LOGIC_VECTOR(5 DOWNTO 0);
        SIGNAL temp2: STD_LOGIC_VECTOR(5 DOWNTO 0);
        SIGNAL temp3: STD_LOGIC_VECTOR(5 DOWNTO 0);
BEGIN
        temp1<=("000"&a) WHEN b(0)='1' ELSE "000000";
        temp2<=("00"&a & '0') WHEN b(1)='1' ELSE "000000";
        temp3<=('0'&a & "00") WHEN b(2)='1' ELSE "000000";
        m<=temp1+temp2+temp3;
END exam;
```

```
            a   1  1  1      被乘数
            b   1  1  0      乘数
            ─────────────
                0  0  0      temp1
                1  1  1      temp2
            1   1  1         temp3
            ─────────────
        1   0   1  0  1  0
```

图 2.26 应用加法实现 3×3 乘法运算原理

以 Xilinx 芯片为仿真对象进行仿真分析，使用此并置运算符实现 3×3 乘法器总共用了 12 个逻辑单元，而使用普通的乘法运算符实现此乘法，将耗费 17 个逻辑单元。3×3 乘法器运算结果如图 2.27 所示。

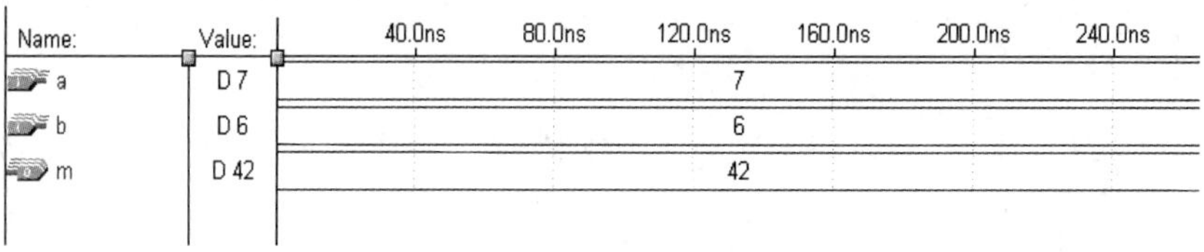

图 2.27 3×3 乘法器运算结果

VHDL-94 标准新增了六种移位操作符：SLL、SRL 是逻辑左移、右移操作符；SLA、SRA 是算术移位操作符；ROL、ROR 是向左、向右循环移位操作符，它们移出的位将用于依次填补移空的位。逻辑移位与算术移位的区别在于：逻辑移位是用"0"来填补移空的位，而算术移位把首位看作是符号，移位时保持符号不变，因此移空的位用最初的首位来填补。如有变量定义为

VARIABLE exam: STD_LOGIC_VECTOR(4 **DOWNTO** 0):= "11011";

则执行逻辑左移语句"exam SLL 1;"后，变量 exam 的值变为"10110"，而执行算术左移指令"exam SLA 1;"后，变量 exam 的值变为"10111"。注意到因为是左移，所以这里的首位是最右边的一位。

3．关系运算符

VHDL 语言中有 6 种关系运算符，如下所示：
= ——等于；   /= ——不等于；
< ——小于；   > ——大于；
<= ——小于等于；   >= ——大于等于。

关系运算符的左右两边是运算操作符，不同的关系运算符对两边的操作数的数据类型有不同的要求。其中等号和不等号可以适用于所有类型的数据。其他关系运算符则可用于整数和实数、位等枚举类型以及位矢量等数组类型的关系运算。在进行关系运算时，左右两边操作数的类型必须相同，但是位长度不一定相同。在利用关系运算符对位矢量数据进行比较时，比较过程从最左边的位开始，自左至右按位进行比较。在位长不同的情况下，只能将自左至右的比较结果作为关系运算的结果。例如，对 2 位和 4 位的位矢量进行比较：

```
SIGNAL a: STD_LOGIC_VECTOR(4 DOWNTO 0);
SIGNAL b: STD_LOGIC_VECTOR(2 DOWNTO 0);
a<="11001";
b<="111";
IF (a<b)THEN
    … …
ELSE
    … …
END IF;
```

上例中 a 是 25，b 是 7，显然应该是 a>b，但由于 a 的第三位是"0"而 b 的第三位是"1"，因此从左往右比较时，判定 a 小于 b，这样的结果显然是错误的。然而这种情况通常不会在实际编程时产出错误，因为多数的编译器在编译时会自动为位数少的数据增补 0，如本例中的 b 将被增补为"00111"以匹配 a，这样当从左往右比较时就会得到正确的结果。

技能训练 2.3

异步时序电路设计

1. 任务分析

用 VHDL 语言设计图 2.28 所示的异步时序电路。

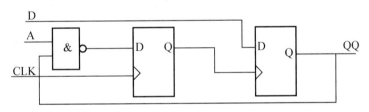

图 2.28 技能训练 2.3 电路图

2. 任务实现

可以将构成时序电路的进程称为时钟进程。在时序电路设计中应注意，一个时钟进程只能构成对应单一时钟信号的时序电路，如果在进程中需要构成多触发器的时序电路，也只能产生对应某个单一时钟的同步时序逻辑。异步逻辑最好用多个时钟进程语句来构成。对应的 VHDL 代码如下所示。

```
LIBRARY IEEE;
USE IEEE.STD_LOGIC_1164.ALL;
USE IEEE.STD_LOGIC_UNSIGNED.ALL;
ENTITY exam IS
PORT(   clk:IN STD_LOGIC;
        D: IN STD_LOGIC;
        A: IN STD_LOGIC;
        qq:OUT STD_LOGIC   );
END exam;
```

```
ARCHITECTURE compar OF exam IS
SIGNAL q1,q2: STD_LOGIC;
BEGIN
pro1: PROCESS (clk)
       BEGIN
          IF clk' event AND clk='1' THEN
                q1<= NOT (q2 AND A);
          END IF;
     END PROCESS;
pro2: PROCESS(q1)
       BEGIN
          IF q1' EVENT AND q1='1'  THEN
                q2<=D;
          END IF;
       END PROCESS;
       qq<=q2;
END compar;
```

知识链接

上述程序中，进程标号 pro1 和 pro2 只是一种标注符号，不参加综合。程序中，时钟进程 pro1 的赋值信号 q1 成了时钟进程 pro2 的敏感信号及时钟信号。这两个时钟进程通过 q1 进行通信联系。显然，尽管两个进程都是并行语句，但它们被执行(启动)的时刻并非同时，因为根据敏感信号的设置，进程 pro1 总是先于进程 pro2 启动。

任务 2.3 含有层次结构的 VHDL 描述

以下通过一个全加器的设计流程，介绍含有层次结构的 VHDL 程序，其中包含两个重要的语句，元件调用声明语句和元件例化语句。

技能训练 2.4

4 位加法器的 VHDL 设计

1. 任务分析

4 位加法器由 3 个全加器和一个半加器组成。全加器又由 2 个半加器和 1 个或门组成。将 4 位加法器自顶向下分层设计，可分为三层：顶层实体是 4 位加法器 add4；第二层实体是全加器 fulladd；底层实体是半加器 halfadd 和或门 gateor。利用 VHDL 语言实现元件例化和层次化调用。

2. 任务实现

新建 VHDL 设计文件 halfadd.VHD，选择 set as top module 命令，将设计设定为顶层编译文件，半加器的逻辑功能如图 2.29 所示，根据逻辑功能编写 VHDL 语言，输入并编译，实现半加器的功能模块。

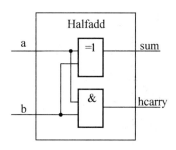

图 2.29　半加器逻辑功能图

```
LIBRARY IEEE;
   USE IEEE.STD_LOGIC_1164.ALL;
ENTITY halfadd IS
   PORT( a,b   :IN std_logic;
    sum,hcarry:OUT std_logic);
END halfadd;
ARCHITECTURE Behavioral OF halfadd IS
BEGIN
    sum<=a XOR b;
    hcarry<=a AND b;
END Behavioral;
```

新建 VHDL 设计文件 gateor.VHD，选择 set as top module 命令，将设计设定为顶层编译文件，或门的逻辑功能如图 2.30 所示，根据逻辑功能编写 VHDL 语言，输入并编译，实现或门的功能模块。

图 2.30　或门逻辑功能图

```
LIBRARY IEEE;
USE IEEE.STD_LOGIC_1164.ALL;
ENTITY gateor IS
    PORT(in1,in2:IN std_logic;
          y:OUT std_logic);
END gateor;
ARCHITECTURE Behavioral OF gateor IS
BEGIN
    y<=in1 OR in2;
END Behavioral;
```

新建 VHDL 设计文件 fulladd.VHD，选择 set as top module 命令，将设计设定为顶层编译文件，全加器的逻辑功能如图 2.31 所示，根据逻辑功能编写 VHDL 语言，输入并编译，实现全加器的功能模块。

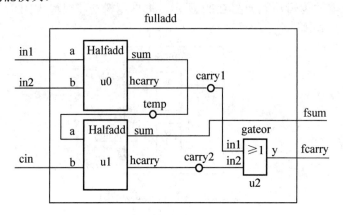

图 2.31　全加器逻辑功能图

```
LIBRARY IEEE;
    USE IEEE.STD_LOGIC_1164.ALL;
ENTITY fulladd IS
    PORT( in1,in2,cin:IN std_logic;
        fsum,fcarry:OUT std_logic);
END fulladd;
ARCHITECTURE Behavioral OF fulladd IS
    SIGNAL temp,carry1,carry2:std_logic;
    COMPONENT halfadd    --半加器的例化
    PORT(a,b:IN std_logic;
        sum,hcarry:OUT std_logic   );
    END COMPONENT;
    COMPONENT gateor     --或门的例化
    PORT(in1,in2:IN std_logic;
         y:OUT std_logic);
    END COMPONENT;
BEGIN    --将图 2.31 的各个门电路对应关系转换为以下程序
    u0:halfadd PORT map (a=>in1,b=>in2,sum=>temp,hcarry=>carry1);
    u1:halfadd PORT map (a=>temp,b=>cin,sum=>fsum,hcarry=>carry2);
    u2:gateor PORT map (in1=>carry1,in2=>carry2,y=>fcarry);
END Behavioral;
```

新建顶层 VHDL 设计文件 ADD4.VHD，选择 set as top module 命令，将设计设定为顶层编译文件，4 位加法器的逻辑功能如图 2.32 所示，根据逻辑功能编写 VHDL 语言，输入并编译，实现 4 位加法器的功能模块。

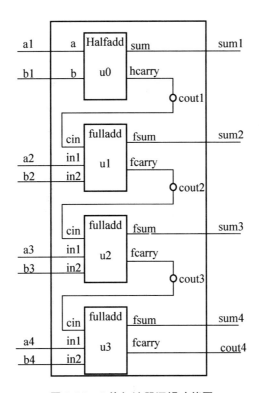

图 2.32　4 位加法器逻辑功能图

```vhdl
LIBRARY IEEE;
USE IEEE.STD_LOGIC_1164.ALL;

ENTITY add4 IS
PORT (a1,a2,a3,a4:IN STD_LOGIC;
      b1,b2,b3,b4:IN STD_LOGIC;
      sum1,sum2,sum3,sum4:OUT STD_LOGIC;
      cout4:OUT STD_LOGIC);
END add4;

ARCHITECTURE add_arc OF add4 IS
SIGNAL cout1,cout2,cout3:STD_LOGIC;
COMPONENT halfadd     --半加器例化
  PORT(a,b:IN STD_LOGIC;
       sum,hcarry:OUT STD_LOGIC);
END COMPONENT;

COMPONENT fulladd     --全加器例化
  PORT(in1,in2,cin:IN STD_LOGIC;
```

```
           fsum,fcarry:OUT STD_LOGIC);
    END COMPONENT;

    BEGIN    --以下程序按照图2.32的逻辑关系设计完成
    u1:halfadd PORT MAP(a=>a1,b=>b1,sum=>sum1,hcarry=>cout1);
    u2:fulladd PORT MAP(in1=>a2,in2=>b2,cin=>cout1,fsum=>sum2,fcarry=>cout2);
    u3:fulladd PORT MAP(in1=>a3,in2=>b3,cin=>cout2,fsum=>sum3,fcarry=>cout3);
    u4:fulladd PORT MAP(in1=>a4,in2=>b4,cin=>cout3,fsum=>sum4,fcarry=>cout4);
    END add_arc;
```

本任务中将一个简单的或门用一个完整的文件描述出来，主要是借此说明多层次设计和元件例化的设计流程和方法。在实际设计中完全没有必要如此烦琐。

我们常把已设计好的设计实体称为一个元件或一个模块。VHDL 中基本的设计层次是元件，它可以作为其他模块或者高层模块引用的低层模块。

元件声明是对 VHDL 模块的说明，使之可以在其他模块中被调用。元件声明可以放在程序包中，也可以放在某个设计的构造体的声明区域内(关键字 BEGIN 之前)中进行。

元件例化是设计中与低级元件有关的语句，其实就是创建元件的唯一复制或范例，通俗的讲就是对元件的调用。如果用原理图的方式来类比，元件就相当于一个模块电路，可以被上层模块调用。

元件例化语句通常分元件声明部分与元件例化部分，格式如下。

元件声明部分：

```
COMPONENT 元件名 IS
GENERIC (参数表);
PORT(端口名表);
END COMPONENT;
```

元件例化部分：

例化名：元件名 PORT MAP (端口名=> 连接端口名, …);

对整个系统自顶向下逐级分层细化的描述，也离不开元件例化语句。分层描述时可以将子模块看作是上一层模块的元件，运用元件说明和元件例化语句来描述高层模块中的子模块。而每个子模块作为一个实体仍然要进行实体的全部描述，同时它又可将下一层子模块当作元件来调用，如此下去，直至底层模块。

 特别提示

这里的符号"=>"是连接符号，其左面放置内部元件的端口名，右面放置内部元件以外需要连接的端口名或信号名，这种位置排列方式是固定的，但连接表达式(如 in2=>b4)在 port map 语句中的位置是任意的。

任务 2.4 存储器的 VHDL 描述

存储器是数字系统的重要组成部分,数据处理单元的处理结果需要存储,许多处理单元的初始化数据也需要存放在存储器中。存储器还可以完成一些特殊的功能,如多路复用、速率变换、数值计算、脉冲成形、特殊序列产生以及数字频率合成等。

技能训练 2.5

一种先进先出的 FIFO 的 VHDL 设计

1. 技能训练

利用 VHDL 语言设计一个数据宽度和深度可调的 FIFO 存储器。FIFO 的功能结构如图 2.33 所示。当写使能、读使能有效的情况下,由时钟脉冲控制输入数据总线和输出数据总线存取地址,当 FIFO 的数据空间存满了,FULL 信号为高电平,这时外部设备就不再向 FIFO 中写入数据了,而当 RAM 中的数据被外部设备取空了,则 EMPTY 信号为高电平,外部设备也就停止读取。

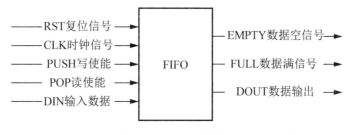

图 2.33 FIFO 结构图

2. 任务实现

对应的 VHDL 代码如下所示。

```vhdl
LIBRARY IEEE;
USE IEEE.STD_LOGIC_1164.ALL;
USE IEEE.STD_LOGIC_UNSIGNED.ALL;

ENTITY stack IS
    generic(  N: positive := 8;
              K: positive := 256);
    PORT( RST,CLK : IN STD_LOGIC;
          PUSH,POP : IN STD_LOGIC;
          EMPTY,FULL : OUT STD_LOGIC;
          DIN : IN STD_LOGIC_VECTOR(N-1 DOWNTO 0);
          DOUT : OUT STD_LOGIC_VECTOR(N-1 DOWNTO 0));
END stack;
```

```
ARCHITECTURE Behavioral OF stack IS
    SIGNAL C : INTEGER RANGE 0 TO K-1;
    function CHANGE (B: IN BOOLEAN) RETURN STD_LOGIC IS
        BEGIN
            CASE B IS
                WHEN TRUE =>RETURN '1';
                WHEN FALSE => RETURN '0';
            END CASE;
        END CHANGE;
BEGIN
    EMPTY <= CHANGE(C=0);
    FULL <= CHANGE(C=K-1);
    ACCESS_STACK : PROCESS
        TYPE TYPE_STACK IS ARRAY (NATURAL RANGE K-1 DOWNTO 0) OF STD_LOGIC_VECTOR(N-1 DOWNTO 0);
        VARIABLE S : TYPE_STACK;
        BEGIN
            WAIT UNTIL CLK' EVENT AND CLK='1';
                IF RST='1' THEN
                    C<=0;
                ELSIF PUSH='1' THEN
                    S(K-1 DOWNTO 1):= S(K-2 DOWNTO 0);
                    S(0) := DIN;
                    C <= C+1;
                ELSIF POP='1' THEN
                    DOUT <= S(0);
                    S(K-2 DOWNTO 0):= S(K-1 DOWNTO 1);
                    C <= C-1;
                END IF;
        END PROCESS;
END Behavioral;
```

2.4.1 VHDL 数据类型

在 VHDL 语言中,每个对象都有特定的数据类型。为了能够描述各种硬件电路,创建高层次的系统和算法模型,VHDL 具有很宽的数据类型。除了有很多预定义的数据类型可直接使用外,用户还可自定义数据类型,这给设计人员带来了较大的自由和方便。

下面介绍一些常用的数据类型。

1. 位

在数字系统中,信号值通常用一个位(bit)来表示。位值的表示方法是,用字符 0 或 1 放在单引号中表示。位和整数中的 0 和 1 不同,'0' 和 '1' 仅仅表示一个位的两种取值。

位数据可以用来描述数字系统中总线的值。位数据不同于布尔数据,可以利用转换函数进行变换。

2. 位矢量

位矢量(Bit_vector)是用双引号括起来的一组位数据。例如:"001100",H "00BE"。位矢量前的 H 表示是十六进制。位矢量可以表示十进制、二进制以及十六进制等的位矢量,表示时只要在前面加上相应的特征字符就可以了。

3. 布尔量

一个布尔量(Boolean)有两种状态:"真"或者"假"。布尔量初值通常为 FALSE。虽然布尔量也是二值枚举量,但它和位不同,没有数值的含义,也不能进行算术运算,而只能进行关系运算。例如,可以在 IF 语句中进行测试,测试结果产生一个布尔量 TRUE 或 FALSE,并以此结果控制其他语句的执行与否。如语句"**IF** clk='1' **THEN**…"在信号 clk 确实为"1"的情况下,表达式"clk='1' "的取值为 TRUE,此时将执行 THEN 后的语句,否则 THEN 后的语句不会被执行。

4. 整数

整数(Integer)类型的数包括正、负整数和零。VHDL 中,−2 147 484 647~2 147 484 647 是整数的表示范围,可用 42 位有符号的二进制数表示。在应用时,整数既不能看作是位矢量,也不能按位来进行访问,并且不能对整数用逻辑操作符。当需要进行位操作时,可以使用转换函数,将整数转换成位矢量。在电子系统的开发过程中,整数也可以作为对信号总线状态的一种抽象手段,用以准确地表示总线的某一状态。

5. 实数

实数(Real)的定义值范围为−1.0E+48~+1.0E48。实数有正负数,书写时一定要有小数点。当小数部分为零时,也要加上其小数部分,例如 4.0 若表示为 4 则会出现语法错误。

值得读者注意的是,虽然 VHDL 提供了实数这一数据类型,但仅在仿真时可使用该类型。综合过程时,综合器是不支持实数类型的,原因是综合的目标是硬件结构,而要想实现实数类型通常需要耗费过大的硬件资源,这在硬件规模上无法承受。

6. 字符

字符(Character)也是一种数据类型,所定义的字符量通常用单引号括起来,如'A'。一般情况下 VHDL 对字母的大小写不敏感,但是对于字符量中的大小写字符则认为是不一样的。字符可以是英文字母中的任一个大小写字母、0~9 中的任一个数字以及空白或特殊字符。

7. 字符串

字符串(String)是由双引号括起来的一个字符序列,也称为字符矢量或字符串数组。如 "VHDL Programmer"。字符串常用于给出程序的说明。

8. 时间

时间(Time)是一个物理量数据。完整的时间数据应包含整数和单位两部分,而且整数和单位之间至少应留一个空格的位置。如 10 ns、55 min 等。设计人员常用时间类型的数据在系统仿真时表示信号延时,从而使模型系统能更逼近实际系统的运行环境。

9. 错误等级

错误等级(Severity Level)类型数据用来表示系统的状态，共有 4 种等级：NOTE(注意)，WARNING(警告)，ERROR(出错)，FAILURE(失败)。在系统仿真过程中，操作人员根据这 4 种状态的提示，随时了解当前系统的工作情况并采取相应的对策。

10. VHDL 用户定义的数据类型

由用户定义的数据类型的书写格式为

TYPE 数据类型名 **IS** 数据类型定义 **OF** 基本数据类型；

或

TYPE 数据类型名 **IS** 数据类型定义；

下面介绍几种常用的用户定义的数据类型。

1) 枚举类型

枚举(Enumerated)类型数据的书写格式为

`TYPE 数据类型名 IS (元素，元素，……)`

这类数据应用广泛，可以用字符来代替数字，简化了逻辑电路中状态的表示。例如：描述一周中每一天状态的逻辑电路时，可以定义为

`TYPE week IS (sun,mon,tue,wed,thr,fri,sat);`

再比如，设某控制器的控制过程可用 5 个状态表示，则描述该控制器时可以定义一个名为 con_states 的数据类型。

`TYPE con_states IS (st0,st1,st2,st3,st4);`

在结构体的"**ARCHITECTURE**"与"**BEGIN**"之间定义此数据类型后，在该结构体中就可直接使用了，如设该控制器需要用到两个名为 current_stat 和 next_stat 的信号，这两个信号的数据类型为 con_states，则可以定义为

`SIGNAL current_stat, NEXT_stat: con_states;`

此后在结构体中就可对 current_stat、NEXT_stat 赋值，如描述使 current_stat 信号状态变为 st4 的赋值语句为

`current_stat<=st4 ;`

2) 整数类型

整数(Integer)类型的表示范围是 32 位有符号的二进制数范围，这么大范围的数及其运算在 EDA 过程中用硬件实现起来将消耗极大的资源。而另一方面涉及的整数范围通常很小，如一个数码管需要显示的数仅为 0～9。由于这个原因，VHDL 使用整数时，要求用 RANGE 语句为定义的整数确定一个范围，VHDL 综合器根据用户指定的范围在硬件中将整数用相应的二进制位表示。

用户自定义的整数类型可认为是上面已介绍过的整数类型的一个子类。其书写格式为

```
TYPE  整数类型名  IS     约束范围;
```
例如,如果由用户定义一个用于数码管显示的数据类型,则可写为
```
TYPE  digit  IS   RANGE  0 TO 9;
```

3) 数组

数组(Array)是将相同类型的数据集合在一起所形成的一个新的数据类型,既可以是一维的,也可以是二维的。数组定义的书写格式为
```
TYPE  数据类型名  IS  ARRAY  范围  OF  原数据类型;
```
在这里如果范围这一项没有被指定,则使用整数数据类型,若需用整数类型外的其他数据类型,则在制定数据范围前加数据类型名。例如有数组定义为
```
TYPE  dat_bus  IS  ARRAY(15 DOWNTO 0)  OF  BIT;
```
该数组名称为 dat_bus,共有 16 个元素,下标是 15,14,…,1,0,各元素可分别表示为 dat_bus(15),…,dat_bus(0)。

除了一维数组外,VHDL 还可以有二维、三维数组,如定义一个 16 个字节、每字节 8 位的存储空间的二维数组:
```
TYPE ram_16x8 IS ARRAY (0 TO 15) OF STD_LOGIC_VECTOR(7 DOWNTO 0);
```

11. 用户自定义子类型

用户对已定义的数据类型作一些范围限制,由此形成了原数据类型的子类型。子类型的名称通常采用用户较易理解的名字。子类型定义的一般格式为
```
SUBTYPE  子类型名  IS  数据类型名[范围];
```
例如,在 STD_LOGIC_VECTOR 基础上所形成的子类型:
```
SUBTYPE  iobus  IS  STD_LOGIC_VECTOR(4 DOWNTO 0);
```
子类型可以对原数据类型指定范围而形成,也可以完全和原数据类型范围一致。子类型常用于存储器阵列等数组描述的场合。新结构的数据类型及子类型通常在程序包中定义,再由 USE 语句装载到描述语句中。

有必要提醒读者,用 SUBTYPE 和 TYPE 这两种类型定义语句定义的数据类型有一个很重要的区别:TYPE 定义的数据类型是一个"新"的类型,而 SUBTYPE 定义的类型是原类型的一个子集,仍属原类型,即 SUBTYPE 定义的某数据类型的子类型可以赋值给原类型的数据。

比如,有信号定义为
```
SIGNAL  s_integ :INTEGER RANGE 0 TO 9;
```
有子类型定义为
```
SUBTYPE abc IS INTEGER RANGE 0 TO 9;
```
有"新"类型定义为
```
TYPE  cde  IS RANGE 0 TO 9;
```

有两个变量分别定义为上述的类型：

VARIABLE sub_v: abc;
VARIABLE typ_v: cde;

则赋值语句"s_integ <= sub_v"是正确的，因为 sub_v 是 abc 类型，而 abc 是整数类型的子类型，所以 sub_v 可以赋值给整数类型。但语句"s_integ <= typ_v "却是错误的，因为 typ_v 是 cde 类型，而 cde 是新的数据类型，所以虽然 cde 类型的范围也是 0 到 9，但它不可以直接赋值给整数类型。

VHDL 语言是一种类型特性很强的语言，要求进行赋值或其他运算的类型必须与操作对象本身的类型相匹配，而不允许将不同类型的信号连接起来。为了实现正确的代入操作，必须将要代入的数据进行类型变换，变换函数通常由 VHDL 语言的程序包提供。

2.4.2 子程序

所谓子程序，就是在主程序调用它之后能将处理结果返回到主程序的程序模块，是一个 VHDL 程序模块，利用顺序语句来定义和完成各种算法。其含义与其他高级语言中的子程序概念相当，可以反复调用。但从硬件角度看，VHDL 的综合工具对每次被调用的子程序或函数都要生成一个电路模块，因此编程者在频繁调用子程序时需考虑硬件的承受能力。

每次调用子程序时，都要首先对其进行初始化，即一次执行结束后再调用需再次初始化。因此，子程序内部的值是不能保持的。在 VHDL 中有两种类型的子程序：函数(Function)和过程(Procedure)。过程与其他高级语言中的子程序相当，函数则与其他高级语言中的函数相当。

1. 函数

在 VHDL 语言中，函数语句的书写格式如下。

```
FUNCTION 函数名(参数 1；参数 2；…)RETURN 数据类型名；      --函数首
FUNCTION 函数名(参数 1；参数 2；…)                      --函数体
        RETURN 数据类型名 IS                            --函数体要求的返回类型
[说明语句]
BEGIN
    [顺序处理语句]
END 函数名；
```

若函数是在程序包内编制的，则该函数首必须出现在程序包的说明部分，而函数体需放在程序包的包体内；而当函数是在某结构体内编写并被本结构体使用时，则函数首部分可省略，所以函数首部分并不是必需的。

在 VHDL 语言中，FUNCTION 语句只能计算数值，不能改变其参数的值，所以其参数的模式只能是 IN，通常可以省略不写。FUNCTION 的输入值由调用者复制到输入参数中，如果没有特别指定，在 FUNCTION 语句中按常数处理。FUNCTION 的顺序语句中通常都有"RETURN 表达式语句;"其返回表达式类型必须和函数体要求的返回类型一致。

通常情况下，各种功能的函数语句的程序都被集中在程序包中，并且可以在结构体的语句中直接调用。

例 2-14 给出了一个实体调用函数 sum4 的情况。

【例 2-14】 函数调用。

```
LIBRARY IEEE;
USE IEEE.STD_LOGIC_1164.ALL;
USE WORK.MYPKG.ALL;
ENTITY examOFfunc IS
PORT (in1,in2,in4: IN INTEGER RANGE 0 TO 4;
        result: OUT INTEGER RANGE 0 TO 15);
END examOFfunc;
ARCHITECTURE a OF examOFfunc IS
BEGIN
result<=sum4(in1,in2,in4);
END a;
```

该程序调用函数 sum4 的语句：

```
result<=sum4(in1,in2,in4);
```

用 in1、in2、in4 代替了函数在程序包内定义时的参数 s1、s2、s4。函数的返回值 tmp 被赋予 result。同时，由例 2-14 可以看出，函数只能返回一个函数值。

2. 过程

在 VHDL 语言中，过程语句的书写格式如下。

```
PROCEDURE 过程名(参数表)              --过程首部分
PROCEDURE 过程名(参数1;参数2;…) IS    --过程体部分
[定义语句]
BEGIN
[顺序处理语句]
END 过程名；
```

在 PROCEDURE 结构中，参数可以是 IN、OUT、INOUT 等多种模式。过程中的输入输出参数都应列在紧跟过程名的括号内。

【例 2-15】 译码器过程语句。

```
LIBRARY IEEE;
USE IEEE.STD_LOGIC_1164.ALL;
PACKAGE MYPKG1 IS
END MYPKG1;
PACKAGE BODY MYPKG1 IS
PROCEDURE decoder
        (SIGNAL code:IN INTEGER RANGE 0 TO 4;
         SIGNAL de_OUT:OUT STD_LOGIC_VECTOR(4 DOWNTO 0) IS
    VARIABLE decoder: STD_LOGIC_VECTOR(4 DOWNTO 0));
BEGIN
```

```
        CASE code IS
          WHEN 0 => decoder := "0001";
          WHEN 1 => decoder := "0011";
          WHEN 2 => decoder := "0110";
          WHEN 4 => decoder := "1100";
          WHEN OTHERS=>decoder := "XXXX";
        END CASE;
        de_OUT<= decoder;
    END decoder;
END MYPKG1;
```

过程调用后，对于给定的 code，则会输出相应的码字。与 PROCESS 相同的是，过程结构中的语句也是顺序执行的。调用者在调用过程前应先将初始值传递给过程的输入参数。然后启动过程语句，按顺序自上至下执行过程结构中的语句，执行结束，将输出值复制到调用者制定的变量或信号中。

与函数相同的是，过程体中的参数说明部分只是局部的，其中的各种定义只能用于过程体内部。过程体中的顺序语句部分可以包含任何顺序执行的语句，包括 WAIT 语句，但需要注意的是，如果一个过程是在进程中调用的，且该进程已列出了敏感参量表，则不能在此过程中使用 WAIT 语句。

综上所述，函数与过程在定义与功能上都极相似，它们主要的不同点可总结为以下几个方面。

(1) 过程内部无 RETURN 语句，但可通过其界面获得多个返回值；函数通过 RETURN 语句得到返回值，但只有一个。

(2) 函数的参数传递始终是输入方向，而过程的参数可以是输出也可是输入(有 IN、OUT、INOUT)。

(3) 函数通常作为一个表达式的一部分，而过程更多地是作为一个语句来使用。

知识梳理与总结

这里对本学习情境中出现过的 VHDL 语句结构、基本概念和语言现象作简要的归纳。

(1) 实体：以 ENTITY 为关键字，描述器件的端口特性。

(2) 结构体：以 ARCHITECTURE 为关键字，给出器件的逻辑功能和行为。

(3) 端口定义：以 PORT( )语句定义器件端口及其数据类型。

(4) 端口模式：**IN**、**OUT**、INOUT、BUFFER 描述端口数据的流向特征。

(5) 数据类型：数据对象承载数据的类别，INTEGER、BOOLEAN、STD_LOGIC、BIT、STD_LOGIC_VECTOR 等。

(6) 并行语句：在结构体中以并行方式执行的语句，包含信号赋值、进程、元件例化等语句。

(7) 顺序语句：由进程语句引导的，以顺序方式执行的语句，包含条件语句、循环语句等。

(8) VHDL 库：**LIBRARY** 打开 VHDL 库。

(9) 程序包：USE 语句声明使用程序包。

(10) Testbench 文件：一个 Testbench 就是一个 VHDL 模型，可以用来验证所设计模型的正确性。

习 题 2

1．什么是硬件描述语言？它与一般的高级语言有哪些异同？
2．用 VHDL 设计电路与传统的电路设计方法有何区别？
3．VHDL 程序有哪些基本的部分？
4．什么是进程的敏感信号？进程语句与赋值语句有何异同？
5．什么是并行语句、顺序语句？
6．怎样使用库及库内的程序包？列举出三种常用的程序包。
7．BIT 类型与 STD_LOGIC 类型有什么区别？
8．信号与变量使用时有何区别？
9．BUFFER 与 INOUT 有何异同？
10．为什么实体中定义的整数类型通常要加上一个范围限制？
11．怎样将两个字符串"hello"和"world"组合为一个 10 位长的字符串？
12．IF 语句与 CASE 语句的使用效果有何不同？

学习情境 3

数字系统常用模块设计

 教学导航

学习任务	任务 3.1 运算电路设计 任务 3.2 七段 LED 数码管显示电路设计 任务 3.3 任意分频比分频器的设计 任务 3.4 脉冲宽度调制器的设计 任务 3.5 有限状态机的设计
能力目标	掌握采用 VHDL 实现常用功能模块的方法 掌握采用 Test Bench 对模块功能验证的方法 掌握运算电路的原理 掌握七段 LED 数码管显示原理 掌握分频器的原理 掌握脉冲宽度调制器的原理 掌握有限状态机的原理
参考学时	24

知识分布网络

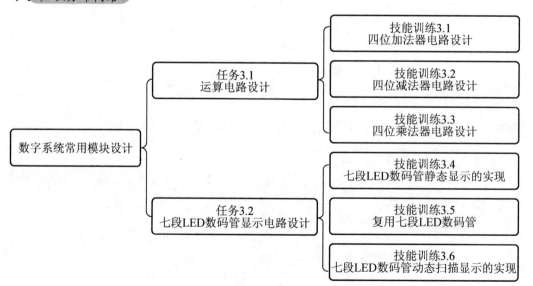

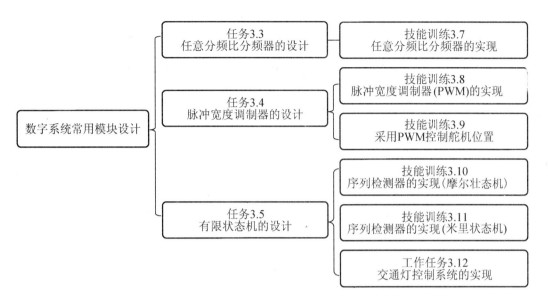

任务 3.1 运算电路设计

四位加法器电路设计

1. 任务分析

加法器是所有运算电路的基础,在开篇时已对加法器的实现做了简单介绍。在本任务中,主要介绍四位全加器的原理和实现方法,并采用 ISim 对其功能进行验证。

图 3.1(a)给出了半加器的真值表,其中 a_i 和 b_i 相加,其结果 c_{i+1} 为进位信号,s_i 为本位和。图 3.1(b)给出了半加器的电路图,由 1 个与门和 1 个异或门构成。

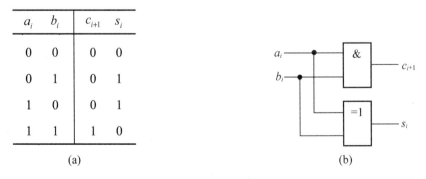

图 3.1 半加器真值表及电路原理图

但要想实现多位加法运算,仅有半加器是不够的,必须考虑从一位到下一位的进位。因此,对于二进制加法中的任意一位,除了考虑两个加数外还需要考虑来自上一位的进位,这三位的和产生一个进位信号以及本位和,这样的加法器被称为全加器。图 3.2(a)给出了全加器的真值表，其中 c_i 为上一次运算的进位信号，与 a_i 和 b_i 相加，其结果 c_{i+1} 为进位信号，s_i 为本位和。通过化简可以得到全加器的最简逻辑表达式，数字电路中已有详细介绍，在此不再赘述，图 3.2(b)给出了全加器的电路原理图。其逻辑表达式如式(3.1)所示。

c_i	a_i	b_i	c_{i+1}	s_i
0	0	0	0	0
0	0	1	0	1
0	1	0	0	1
0	1	1	1	0
1	0	0	0	1
1	0	1	1	0
1	1	0	1	0
1	1	1	1	1

(a)

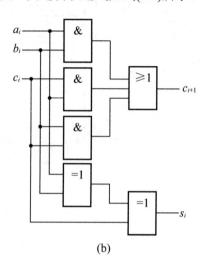

(b)

图 3.2 全加器真值表及电路原理图

$$c_{i+1} = a_i \cdot b_i + a_i \cdot c_{i-1} + b_i \cdot c_{i-1}$$
$$s_i = a_i \oplus b_i \oplus c_{i-1} \tag{3.1}$$

如果要实现四位二进制数加法运算，就需要由 4 个全加器串接构成，如图 3.3 所示。事实上最低位的运算可以由半加器来完成，为了统一起见，这里仍采用全加器，只是最低位的进位信号为 0。

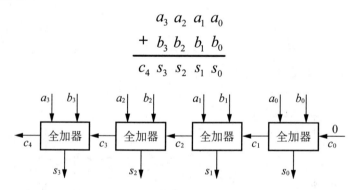

图 3.3 四位二进制加法器原理图

2. 任务实现

由图 3.3 四位二进制加法器原理图及式(3.1)可以得到四位二进制加法器 VHDL 源代码，如下所示。其中，标准逻辑位矢量 a、b 分别代表四位二进制加数；s 代表本位和；cf 代表进位信号。

```
LIBRARY IEEE;
USE IEEE.STD_LOGIC_1164.ALL;
```

```vhdl
ENTITY adder4 IS
    PORT ( a : IN  STD_LOGIC_VECTOR (3 DOWNTO 0);
           b : IN  STD_LOGIC_VECTOR (3 DOWNTO 0);
           s : OUT STD_LOGIC_VECTOR (3 DOWNTO 0);
           cf : OUT  STD_LOGIC);
END adder4;

ARCHITECTURE Behavioral OF adder4 IS
SIGNAL c:STD_LOGIC_VECTOR (4 DOWNTO 0);
BEGIN
    c(0)<='0';
    s<=a XOR b XOR c(3 DOWNTO 0);
    c(4 DOWNTO 1)<=(a AND b) OR (a AND c(3 DOWNTO 0)) OR (b AND c(3 DOWNTO 0));
    cf<=c(4);

END Behavioral;
```

3. 任务验证

为验证该四位二进制加法器的功能,在完成综合后,对该设计采用 ISim 进行仿真,Test Bench 代码如下。

```vhdl
LIBRARY IEEE;
USE ieee.std_logic_1164.ALL;
USE IEEE.std_logic_unsigned.ALL;

ENTITY thadder4 IS
END thadder4;

ARCHITECTURE behavior OF thadder4 IS

    COMPONENT adder4
    PORT(
        a : IN  std_logic_vector(3 DOWNTO 0);
        b : IN  std_logic_vector(3 DOWNTO 0);
        s : OUT std_logic_vector(3 DOWNTO 0);
        cf : OUT std_logic
    );
END COMPONENT;

    SIGNAL a : std_logic_vector(3 DOWNTO 0) := (others => '0');
    SIGNAL b : std_logic_vector(3 DOWNTO 0) := (others => '0');
    SIGNAL s : std_logic_vector(3 DOWNTO 0);
    SIGNAL cf : std_logic;

BEGIN
```

```
uut: adder4 PORT MAP (
        a => a,
        b => b,
        s => s,
        cf => cf
    );
stim_proc: PROCESS
   BEGIN

b<="0111";    --任意选取加数 b 为 "0111"
   a<="0000";
  FOR i IN 0 TO 15 LOOP  --被加数 a 取 "0000" 到 "1111"
    WAIT FOR 100ns;
    a<=a+1;
   END LOOP;
  END PROCESS;
END;
```

保存 Test Bench 文件并进行仿真，可以得到如图 3.4 所示波形图，图中可以直观看出实现了四位二进制加法运算。

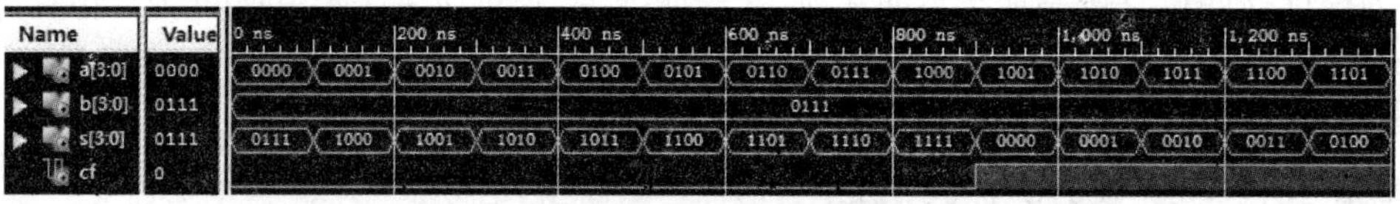

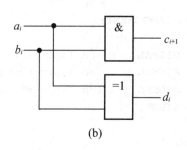

图 3.4　四位二进制加法器仿真图

 技能训练 3.2

四位减法器电路设计

1. 任务分析

在前一个子任务中，已对四位二进制加法器做了简要的介绍，在本子任务中，主要介绍四位减法器的原理和实现方法，并采用 ISim 对其功能进行验证。

图 3.5(a)给出了半减法器的真值表，其中 a_i 和 b_i 相减，其结果 c_{i+1} 为借位信号，d_i 为差值。图 3.5(b)给出了半减法器的电路图，与上一任务中介绍的半加器电路图相比稍有差别。

a_i	b_i	c_{i+1}	d_i
0	0	0	0
0	1	1	1
1	0	0	1
1	1	0	0

(a)　　　　　　　　　　　　(b)

图 3.5　半减法器真值表及电路原理图

与全加器一样，如果要实现多位的减法，必须要考虑来自上一次运算的借位信号，因此需要构建全减法器。图 3.6(a)给出了全减法器的真值表，其中c_i表示来自上一次运算的借位信号，其余变量定义与图3.5(a)中定义一致。式(3.2)表示了3个输入变量间的关系。

$$d_i = a_i - b_i - c_i \tag{3.2}$$

全减法器的真值表中，除了倒数第三行的情况外，均能由半减法器推导得到。当$c_i=1$，$a_i=0$，$b_i=0$时，代表首先0−1，产生借位信号1，差为1，在此基础上再次减去1，借位信号不变，但差变为0。

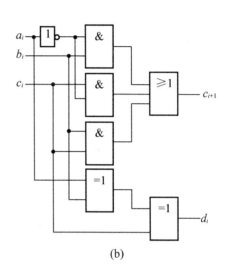

c_i	a_i	b_i	c_{i+1}	d_i
0	0	0	0	0
0	0	1	1	1
0	1	0	0	1
0	1	1	0	0
1	0	0	1	1
1	0	1	1	0
1	1	0	0	0
1	1	1	1	1

(a)　　　　　　　　　　　　(b)

图3.6　全减法器真值表及电路原理图

$$c_{i+1} = \overline{a_i} \cdot b_i + \overline{a_i} \cdot c_{i-1} + b_i \cdot c_{i-1}$$
$$d_i = a_i \oplus b_i \oplus c_{i-1} \tag{3.3}$$

式(3.3)给出了全减法器的逻辑表达式，与全加器的逻辑表达式相比可见，全减法器的借位信号与全加器的进位信号，差别在于全减法器对a_i首先做了非运算，全减法器的差与全加器的本位和表达式完全一致。由此可得到全减法器的电路图如图3.6(b)所示。

如果要实现四位二进制数减法运算，就需要由4个全减法器串接构成，如图3.7所示。与四位二进制加法器一样，最低位的借位信号设置为0。

$$\begin{array}{r} a_3\ a_2\ a_1\ a_0 \\ -\ b_3\ b_2\ b_1\ b_0 \\ \hline c_4\ d_3\ d_2\ d_1\ d_0 \end{array}$$

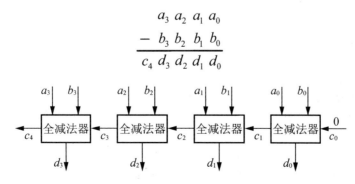

图3.7　四位二进制减法器原理图

2. 任务实现

由图 3.7 四位二进制减法器原理图及式(3.3)可以得到四位二进制加法器 VHDL 源代码，如下所示。其中，标准逻辑位矢量 a、b 分别代表四位二进制被减数和减数；d 代表差；cf 代表借位信号。

```vhdl
LIBRARY IEEE;
USE IEEE.STD_LOGIC_1164.ALL;

ENTITY subtractor4 IS
    PORT ( a : IN  STD_LOGIC_VECTOR (3 DOWNTO 0);
           b : IN  STD_LOGIC_VECTOR (3 DOWNTO 0);
           d : OUT STD_LOGIC_VECTOR (3 DOWNTO 0);
           cf : OUT STD_LOGIC);
END subtractor4;

ARCHITECTURE Behavioral OF subtractor4 IS
SIGNAL c:STD_LOGIC_VECTOR (4 DOWNTO 0);
BEGIN
    c(0)<='0';
    d<=a XOR b XOR c(3 DOWNTO 0);
    c(4 DOWNTO 1)<=(NOT a AND b) OR (NOT a AND c(3 DOWNTO 0)) OR (b AND c(3 DOWNTO 0));
    cf<=c(4);
END Behavioral;
```

3. 任务验证

为验证该四位二进制减法器的功能，在完成综合后，对该设计采用 ISim 进行仿真，Test Bench 代码如下。

```vhdl
LIBRARY IEEE;
USE ieee.std_logic_1164.ALL;
USE IEEE.std_logic_unsigned.ALL;

ENTITY thsub4 IS
END thsub4;

ARCHITECTURE behavior OF thsub4 IS
 COMPONENT subtractor4
    PORT(
        a : IN  std_logic_vector(3 DOWNTO 0);
        b : IN  std_logic_vector(3 DOWNTO 0);
        d : OUT std_logic_vector(3 DOWNTO 0);
        cf : OUT std_logic
```

```vhdl
    );
    END COMPONENT;

    SIGNAL a : std_logic_vector(3 DOWNTO 0) := (others => '0');
    SIGNAL b : std_logic_vector(3 DOWNTO 0) := (others => '0');
    SIGNAL d : std_logic_vector(3 DOWNTO 0);
    SIGNAL cf : std_logic;

BEGIN
    uut: subtractor4 PORT MAP (
        a => a,
        b => b,
        d => d,
        cf => cf
    );

    stim_proc: PROCESS
    BEGIN
        b<="0111";                  --任意选取减数 b 为 "0111"
        a<="0000";
        FOR i IN 0 TO 15 LOOP       --被减数 a 取 "0000" 到 "1111"
            WAIT FOR 100 ns;
            a<=a+1;
        END LOOP;
    END PROCESS;
END;
```

保存 Test Bench 文件并进行仿真，可以得到如图 3.8 所示波形图，图中可以直观看出实现了四位二进制减法运算。

图 3.8　四位二进制减法器仿真图

 技能训练 3.3

四位乘法器电路设计

1. 任务分析

在前两个子任务中，已对四位二进制加法器和减法器做了简要的介绍，在本子任务中，主要介绍四位二进制乘法器的原理和实现方法，并采用 ISim 对其功能进行验证。

乘法器和加法器以及减法器一样，都是构成数学运算电路的基本任务。乘法器相对于加法器和减法器复杂一些，一位二进制乘法如下式所示。

$$0\times 0=0 \quad 0\times 1=0$$
$$1\times 0=0 \quad 1\times 1=1 \tag{3.4}$$

从式(3.4)可以看出，两个输入变量和输出结果间满足与逻辑关系，因此二进制乘法通过一个与门便能实现。

式(3.5)是两个四位二进制数间的乘法，可以看出其运算过程是，首先"1001"和"1100"中的每一位进行二进制乘法，然后每一步都将中间结果左移一位，这与通常的十进制乘法相同。

$$\begin{array}{r} 1001 \\ \times\,1100 \\ \hline 0000 \\ 0000 \\ 1001 \\ 1001 \\ \hline 1101100 \end{array} \quad \begin{array}{r} 9 \\ \times 12 \\ \hline 18 \\ 9 \\ \hline 108 \end{array} \tag{3.5}$$

为了便于采用 VHDL 语言实现该乘法，可以对式(3.5)作简单变换，如式(3.6)所示。

$$\begin{array}{r} 1001 \\ \times\,1100 \\ \hline 00000000 \\ 00000000 \\ 00100100 \\ 01001000 \\ \hline 01101100 \end{array} \tag{3.6}$$

考虑到两个四位二进制数相乘结果不超过八位二进制数，因此可以将被乘数"1001"扩展为"00001001"。可以将整个乘法过程分解为如下 4 步。

(1) 当乘数右边第一位为"0"时，乘积为"00000000"。

(2) 再将"00001001"左移一位变成"00010010"，当乘数右边第二位为"0"时，乘积仍为"00000000"，并与上一次乘积相加。

(3) 再将"00010010"左移一位变成"00100100"，当乘数右边第三位为"1"时，乘积仍为"00100100"，并与上一次乘积相加。

(4) 再将"00100100"左移一位变成"01001000"，当乘数右边第三位为"1"时，乘积仍为"01001000"，并与上一次乘积相加，得到的和即为最终乘积。

通过以上的步骤可以看出，整个过程需要 3 个器件构成。

(1) 二选一数据选择器，根据乘数每一位的值选择积的值。

(2) 左移移位寄存器，在每完成一次运算后左移一位数据。

(3) 加法器，实现对乘积的累加。

四位二进制乘法器的原理图如图 3.9 所示。

图中，a 表示被乘数，b 表示乘数。被乘数 a 被扩展为八位二进制数，并不断左移；通过乘数 b 每一位的取值控制二选一数据选择器，然后将数据选择器输出的数进行累加，最后得到最终乘积。可以看到由数据选择器、左移移位寄存器和加法器构成了一个独立的任务，通过多次调用该任务，实现了四位二进制乘法。

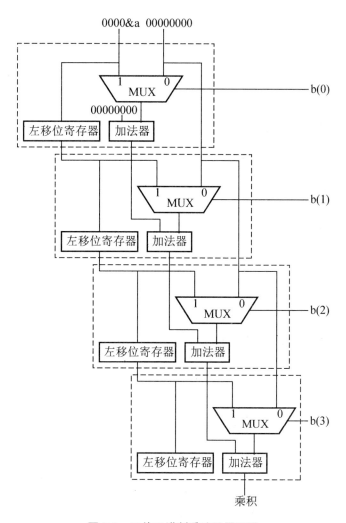

图 3.9　四位二进制乘法器原理图

2. 任务实现

由图 3.9 四位二进制乘法器原理图可以得到四位二进制乘法器 VHDL 源代码，如下所示。其中，标准逻辑位矢量 a、b 分别代表四位二进制被乘数和乘数；p 代表乘积。这里用到了 FOR 语句来实现任务的重复调用。

```
LIBRARY IEEE;
USE IEEE.STD_LOGIC_1164.ALL;
USE IEEE.STD_LOGIC_UNSIGNED.ALL;

ENTITY mult4 IS
    PORT ( a : IN STD_LOGIC_VECTOR (3 DOWNTO 0);
           b : IN STD_LOGIC_VECTOR (3 DOWNTO 0);
           p : OUT STD_LOGIC_VECTOR (7 DOWNTO 0));
END mult4;
```

```vhdl
ARCHITECTURE Behavioral OF mult4 IS
BEGIN
    PROCESS(a,b)
    VARIABLE pt,at : STD_LOGIC_VECTOR (7 DOWNTO 0);
    BEGIN
        pt:="00000000";
        at:="0000" & a;
        FOR i IN 0 TO 3 LOOP
            IF b(i)='1' THEN
                pt := pt + at;
            END IF;
            at := at(6 DOWNTO 0) & '0';
        END LOOP;
        p <= pt;
    END PROCESS;
END Behavioral;
```

3. 任务验证

为验证该四位二进制乘法器的功能,在完成综合后,对该设计采用ISim进行仿真,Test Bench代码如下。

```vhdl
LIBRARY IEEE;
USE ieee.std_logic_1164.ALL;
USE ieee.std_logic_unsigned.ALL;

ENTITY tbmult4 IS
END tbmult4;

ARCHITECTURE behavior OF tbmult4 IS

    COMPONENT mult4
    PORT(
        a : IN  std_logic_vector(3 DOWNTO 0);
        b : IN  std_logic_vector(3 DOWNTO 0);
        p : OUT std_logic_vector(7 DOWNTO 0)
        );
    END COMPONENT;

    SIGNAL a : std_logic_vector(3 DOWNTO 0) := (others => '0');
    SIGNAL b : std_logic_vector(3 DOWNTO 0) := (others => '0');
    SIGNAL p : std_logic_vector(7 DOWNTO 0);

BEGIN

    uut: mult4 PORT MAP (
        a => a,
```

```
            b => b,
            p => p
        );

    stim_proc: PROCESS
    BEGIN
        a <= "0000";
        b <= "1100";
        FOR i IN 0 TO 15 LOOP
            WAIT FOR 100 ns;
            a <= a + 1;
        END LOOP;
    END PROCESS;
END;
```

保存 Test Bench 文件并进行仿真，可以得到如图 3.10 所示波形图，分析可知实现了四位二进制乘法。

图 3.10 四位二进制乘法器仿真图

任务小结

在本任务中，着重介绍了如何用 VHDL 语言实现运算电路，包括了四位二进制加法器、减法器和乘法器的原理说明和 VHDL 实现等。

任务 3.2 七段 LED 数码管显示电路设计

七段 LED 数码管是数字系统最常用的显示设备之一，如何驱动和使用数码管是数字系统设计的必备知识。在本任务中，将介绍如何使用 VHDL 语言实现数码管的静态显示和动态扫描显示。

1. 七段 LED 数码管结构和显示原理

七段 LED 数码管结构如图 3.11 所示，通常七段 LED 数码管可以分为"共阳极"和"共阴极"两类。共阳极数码管 7 个发光二极管的阳极连接在一起，作为公共控制端，接高电平。阴极作为"端"控制端，当某段控制端为低电平时，该端对应的发光二极管导通并点亮。通过点亮不同的段，显示出不同的字符。例如，显示数字 1 时，b、c 两端接低电平，其他各端接高电平。

共阴极数码管 8 个发光二极管的阴极连接在一起，作为公共控制端，接低电平。阳极作为"段"控制端，当某段控制端为高电平时，该段对应的二极管导通并点亮。

通常在连接数码管时会在段控制端或公共端接电阻 R，该电阻的作用是为了限制通过

LED 的电流量，保护七段 LED 数码管。使 LED 发光，典型的电流值是在 2~15mA 之间。

Nexys3 板卡上有 4 个共阳极七段数码管，其 4 个公共端分别通过 4 个 PNP 型三极管与+3.3V 相连，4 个 PNP 型三极管的基极又与 FPGA 上的 4 个 I/O 端口相连，实现对三极管通断的控制，使对应数码管点亮或熄灭。4 个共阳极七段数码管的段控制端分别连接在一起，并通过 8 个限流电阻与 FPGA 上的 8 个 I/O 端口相连，实现段位的控制，连接方式如图 3.12 所示。

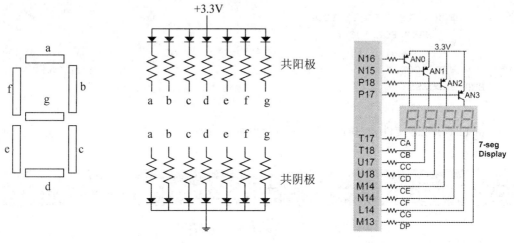

图 3.11 七段 LED 数码管结构图　　　　图 3.12 Nexys3 数码管连接图

图 3.13 所示的真值表给出了每段 a~g 的输出阴极值，它是用来是显示所有从 0 到 F 的十六进制数。

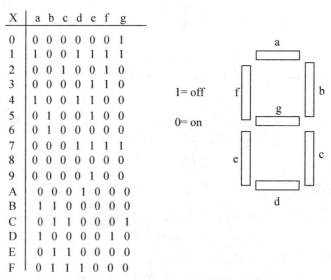

图 3.13 显示十六进制数 0~F 的七段代码

2. 七段 LED 数码管的静态显示

如何在七段 LED 数码管上显示一个 0 到 F 的数字呢？如显示数字"1"，只需将 PNP

型三极管的基极置低电平,使三极管导通,同时在段控制端按 a～g 的顺序输入"1001111"即可,这种方式被称为七段 LED 数码管的静态显示。可以发现,采用静态显示方式 4 个数码管显示的都是同一数字,大大限制了数码管的使用。

3. 七段 LED 数码管的动态扫描显示

在实际应用中,为了节约 FPGA 资源,通常采用动态扫描显示的方式,其连接方式如图 3.13 所示。通常将四位七段 LED 数码管相应的段选控制端并联在一起,定义信号名为 a～g,称之为"段码"。各位数码管的公共端,也成为"位码",即 AN0～AN3。

我们可以把 4 个位码看作 4 个按键开关,如果开关 AN0 打开,则第 1 个数码管的 7 个 LED 灯控制端就会连接到"段码"总线 a～g 上;如果 AN0 关闭,则第 1 个数码管的 7 个 LED 灯控制端就会与"段码"总线 a～g 断开。如果 AN0、AN1、AN2、AN3 有多个开关打开,则相应的七段 LED 数码管会同时打开,而且会同时显示总线 a～g 表示的内容,显示的效果也会相同,即刚才介绍的静态显示。

那么如何让动态 LED 数码管的各位显示不同的内容呢?动态显示是一种按位轮流点亮各位数码管的显示方式,即在某一时段,只让其中一位数码管的"位码"开关打开,即一位"位码"有效,并送出相应的字型显示编码。此时,其他位的数码管因"位码"断开而都处于熄灭状态;下一时段按顺序选通另外一位数码管,并送出相应的字型显示编码,依此规律循环下去,即可使各位数码管分别间断地显示出相应的字符。这一过程称为动态扫描显示。如果显示切换的速度非常快,可以达到约 1ms 切换一次的速度,由于人眼睛的视觉暂留效应,以及 LED 灯本身的响应速度,可以感觉 4 个数码管是同时点亮的,并且显示 4 个不同的内容。

如何采用电路具体来实现动态扫描呢?如要在四位七段 LED 数码管上显示数字"1234",需采用如下机制,AN0、AN1、AN2、AN3 循环打开,在相应的时候把需要显示的数据放到数据总线上即可。例如,在 AN0 有效的时候,需要把数字"0"对应的编码"00000001"放在总线 a～g 上,而在 AN3 有效的时候需要把数字"4"对应的编码"1001100"放在总线 a～g 上。这样就能够实现轮流打开 4 个数码管,轮流显示 4 个数码管的内容。注意,AN0～AN3 打开的时间间隙必须控制在 1ms 左右,间隙过大会出现闪烁的情况,间隙过小则有可能显示不正常。

  技能训练 3.4

七段 LED 数码管静态显示的实现

1. 任务分析

本例将设计一个十六进制的七段译码器,输入为一个四位的十六进制数,输出是一个七段的数值,具体实现的方法很多,如可以根据图 3.13,推导出 a～g 关于四位十六进制的逻辑表达式,采用逻辑方程的方式进行描述,也可以采用 CASE 语句采用查表的方式来实现。本任务主要介绍如何采用 CASE 语句来实现显示译码。其原理是,输入四位十六进制数,找到其对应的段码直接输出即可。

2. 任务实现

根据以上分析，可以得到以下对应的 VHDL 代码，x 代表输入的四位十六进制数，a_TO_g 代表"段码"总线信号。

```vhdl
LIBRARY IEEE;
USE IEEE.STD_LOGIC_1164.ALL;

ENTITY hex7seg IS
    PORT(
        x: IN STD_LOGIC_VECTOR(3 downto 0);
        a_TO_g: OUT STD_LOGIC_VECTOR(6 downto 0)
        );
END hex7seg;

ARCHITECTURE hex7seg OF hex7seg IS
BEGIN
    PROCESS(x)
    BEGIN
        CASE x IS
            WHEN "0000" => a_TO_g <= "0000001";  --0
            WHEN "0001" => a_TO_g <= "1001111";  --1
            WHEN "0010" => a_TO_g <= "0010010";  --2
            WHEN "0011" => a_TO_g <= "0000110";  --3
            WHEN "0100" => a_TO_g <= "1001100";  --4
            WHEN "0101" => a_TO_g <= "0100100";  --5
            WHEN "0110" => a_TO_g <= "0100000";  --6
            WHEN "0111" => a_TO_g <= "0001101";  --7
            WHEN "1000" => a_TO_g <= "0000000";  --8
            WHEN "1001" => a_TO_g <= "0000100";  --9
            WHEN "1010" => a_TO_g <= "0001000";  --A
            WHEN "1011" => a_TO_g <= "1100000";  --B
            WHEN "1100" => a_TO_g <= "0110001";  --C
            WHEN "1101" => a_TO_g <= "1000010";  --D
            WHEN "1110" => a_TO_g <= "0110000";  --E
            WHEN others => a_TO_g <= "0111000";  --F
        END CASE;
    END PROCESS;
END hex7seg;
```

3. 任务验证

为验证七段译码器的功能，在完成综合后，对该设计采用 ISim 进行仿真，Test Bench 代码如下：

```vhdl
LIBRARY IEEE;
USE IEEE.std_logic_1164.ALL;
```

```vhdl
USE IEEE.std_logic_unsigned.ALL;

ENTITY test IS
END test;

ARCHITECTURE behavior OF test IS

    COMPONENT hex7seg
    PORT(
        x : IN  std_logic_vector(3 downto 0);
        a_TO_g : OUT std_logic_vector(6 downto 0)
        );
    END COMPONENT;

    SIGNAL x : std_logic_vector(3 downto 0) := (others => '0');
    SIGNAL a_TO_g : std_logic_vector(6 downto 0);

BEGIN

    uut: hex7seg PORT map (
        x => x,
        a_TO_g => a_TO_g
        );

    PROCESS
    BEGIN
        FOR i IN 0 to 15 LOOP
        WAIT FOR 100 ns;
        x <= x + 1;
        END LOOP;
    END PROCESS;

END;
```

该 VHDL 代码的仿真波形图如图 3.14 所示, 通过与图 3.13 中的真值表比较, 可知实现了七段显示译码功能。

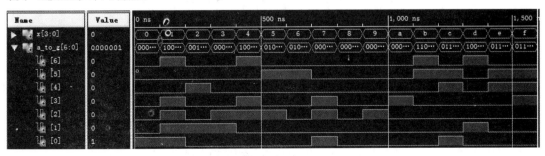

图 3.14 七段显示译码器仿真波形图

技能训练 3.5

复用七段 LED 数码管

1. 任务分析

本任务中将介绍如何复用 Nexys3 板卡上的 4 个七段 LED 数码管。如任务目标中介绍的设计思想，可以通过 4 个按键 btn(3:0)来控制 AN3～AN0，即当 btn(3)键按下时使 AN3 控制相应的数码管导通，依次类推，从而实现 4 个数码管分别点亮。同时如何让 4 个数码管显示不同的数值呢？我们可以将 4 个数码管需要显示的数据作为一个 4 选 1 数据选择其数据输入，再通过 4 个按键 btn(3:0)来控制 4 选 1 数据选择器的 2 路地址输入端，当相应数码管点亮时，将对应数据输入，其关系见表 3-1 所示，其中 s(1:0)为 4 选 1 的地址输入端。

表 3-1 复用七段 LED 数码管真值表

btn(3)	btn(2)	btn(1)	btn(0)	AN3	AN2	AN1	AN0	s(1)	S(0)
0	0	0	0	1	1	1	1	×	×
0	0	0	1	1	1	1	0	0	0
0	0	1	0	1	1	0	1	0	1
0	1	0	0	1	0	1	1	1	0
1	0	0	0	0	1	1	1	1	1

该设计的原理框图如图 3.15 所示。

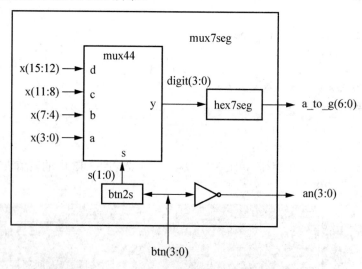

图 3.15 复用七段 LED 数码管原理框图

如表 3-1 所示，可以推倒出以下逻辑表达式。

$$AN(3) = \sim btn(3); AN(2) = \sim btn(2);$$
$$AN(1) = \sim btn(1); AN(0) = \sim btn(0);$$
$$s(1) = btn(2) | btn(3);$$

$$s(0) = btn(1) | btn(3);$$

2. 任务实现

根据以上分析，可以得到以下 VHDL 代码，实现在 4 个数码管上显示 "1234" 4 个数字。

```vhdl
LIBRARY IEEE;
USE IEEE.STD_LOGIC_1164.ALL;

ENTITY mux7seg IS
    PORT(
        btn: IN STD_LOGIC_VECTOR(3 downto 0);       --按键信号
        a_TO_g: OUT STD_LOGIC_VECTOR(6 downto 0);   --段码总线信号
        an: OUT STD_LOGIC_VECTOR(3 downto 0);       --位码信号
        dp: OUT STD_LOGIC                           --小数点控制信号
    );
END mux7seg;

ARCHITECTURE mux7seg OF mux7seg IS

SIGNAL x: STD_LOGIC_VECTOR(15 downto 0);
SIGNAL s: STD_LOGIC_VECTOR(1 downto 0);
SIGNAL digit: STD_LOGIC_VECTOR(3 downto 0);

BEGIN

    x <= X"1234";
    an <= NOT btn;
    s(1) <= btn(2) OR btn(3);
    s(0) <= btn(1) OR btn(3);
    dp <= '1';

-- Quad 4-TO-1 MUX: mux44
    PROCESS(s)
    BEGIN
        CASE s IS
            WHEN "00" => digit <= x(3 downto 0);
            WHEN "01" => digit <= x(7 downto 4);
            WHEN "10" => digit <= x(11 downto 8);
            WHEN others => digit <= x(15 downto 12);
        END CASE;
    END PROCESS;

-- 7-segment decoder: hex7seg
    PROCESS(digit)
    BEGIN
        CASE digit IS
            WHEN "0000" => a_TO_g <= "0000001";  --0
```

```vhdl
            WHEN "0001" => a_TO_g <= "1001111";   --1
            WHEN "0010" => a_TO_g <= "0010010";   --2
            WHEN "0011" => a_TO_g <= "0000110";   --3
            WHEN "0100" => a_TO_g <= "1001100";   --4
            WHEN "0101" => a_TO_g <= "0100100";   --5
            WHEN "0110" => a_TO_g <= "0100000";   --6
            WHEN "0111" => a_TO_g <= "0001101";   --7
            WHEN "1000" => a_TO_g <= "0000000";   --8
            WHEN "1001" => a_TO_g <= "0000100";   --9
            WHEN "1010" => a_TO_g <= "0001000";   --A
            WHEN "1011" => a_TO_g <= "1100000";   --B
            WHEN "1100" => a_TO_g <= "0110001";   --C
            WHEN "1101" => a_TO_g <= "1000010";   --D
            WHEN "1110" => a_TO_g <= "0110000";   --E
            WHEN others => a_TO_g <= "0111000";   --F
        END CASE;
    END PROCESS;
END mux7seg;
```

3. 任务验证

为验证复用七段数码管的功能,在完成综合后,对该设计采用 ISim 进行仿真, Test Bench 代码如下。

```vhdl
LIBRARY IEEE;
USE IEEE.std_logic_1164.ALL;
USE IEEE.std_logic_unsigned.ALL;

ENTITY test IS
END test;

ARCHITECTURE behavior OF test IS

    COMPONENT mux7seg
    PORT(
        btn : IN std_logic_vector(3 downto 0);
        a_TO_g : OUT std_logic_vector(6 downto 0);
        an : OUT std_logic_vector(3 downto 0);
        dp : OUT std_logic
        );
    END COMPONENT;
    SIGNAL btn : std_logic_vector(3 downto 0);
    SIGNAL a_TO_g : std_logic_vector(6 downto 0);
    SIGNAL an : std_logic_vector(3 downto 0);
    SIGNAL dp : std_logic;

BEGIN
```

```
    uut: mux7seg PORT map (
        btn => btn,
        a_TO_g => a_TO_g,
        an => an,
        dp => dp
        );
    PROCESS              -- 模拟 4 个按键分别按下的情况
    BEGIN
        btn <= "0000";
        WAIT FOR 100 ns;
        btn <= "0001";
        WAIT FOR 100 ns;
        btn <= "0010";
        WAIT FOR 100 ns;
        btn <= "0100";
        WAIT FOR 100 ns;
        btn <= "1000";
        WAIT FOR 100 ns;
    END PROCESS;

END;
```

图 3.16 所示是复用七段数码管的仿真波形图，请留意当按键 btn(3:0)均未按下时的情况，以及小数点 dp 控制信号的输出情况。由图可见通过按键的选择可以实现 4 个七段数码管的复用。

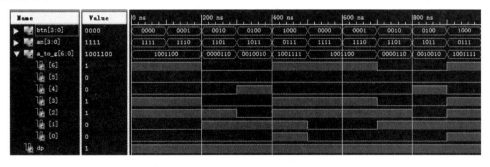

图 3.16　复用七段数码管波形仿真图

技能训练 3.6

七段 LED 数码管动态扫描显示的实现

1. 任务分析

通过上面的例子，我们知道了如何复用四位七段数码管。但上例中依然只能一次显示一个数值，如何让四位数码管动态显示四位数字呢？下面我们介绍七段 LED 数码管动态扫描显示的实现方法。只需要将四位按键 btn(3:0)由计数器代替即可，通过时钟信号来控制计数器输出的变化。计数器的原理将在下一学习情境详细介绍。七段 LED 数码管动态扫描显示实现的原理框图如图 3.17 所示。

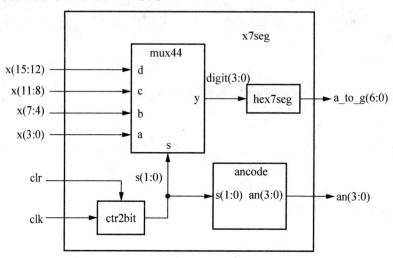

图 3.17 七段 LED 数码管动态扫描显示原理框图

图 3.17 中 ctr2bit 为两位二进制计数器，clr 为复位控制端，输出为 s(1:0)实现"00→01→10→11→00"的变换，控制 4 选 1 多路选择器的地址输入端。ancode 根据 s(1:0)的变换，实现"1110→1101→1011→0111→1110"的变换，达到对四位数码管公共端的控制。在这两个任务的协调作用下，数码管的依次点亮和数据的依次传输，在使用时只需合理选择时钟信号 clk 即可。时钟信号 clk 通常采用分频器给出。

2. 任务实现

七段 LED 数码管动态扫描显示实现的 VHDL 代码如下。

```vhdl
LIBRARY IEEE;
USE IEEE.STD_LOGIC_1164.ALL;
USE IEEE.STD_LOGIC_UNSIGNED.ALL;

ENTITY x7seg IS
    PORT(
            x: IN STD_LOGIC_VECTOR(15 downto 0); --需要显示的 4 个四位二进制数
            clk: IN STD_LOGIC;                    --显示扫描时钟
            clr: IN STD_LOGIC;                    --复位控制信号
            a_TO_g: OUT STD_LOGIC_VECTOR(6 downto 0);--段码总线信号
            an: OUT STD_LOGIC_VECTOR(3 downto 0);  --位码控制信号
            dp: OUT STD_LOGIC                      --小数点控制信号
        );
END x7seg;

ARCHITECTURE x7seg OF x7seg IS

SIGNAL s: STD_LOGIC_VECTOR(1 downto 0);
```

```vhdl
SIGNAL digit: STD_LOGIC_VECTOR(3 downto 0);
SIGNAL aen: STD_LOGIC_VECTOR(3 downto 0);
SIGNAL clkdiv: STD_LOGIC_VECTOR(19 downto 0);

BEGIN

dp <= '1';

-- Quad 4-TO-1 MUX: mux44
    PROCESS(s, x)
    BEGIN
        CASE s IS
            WHEN "00" => digit <= x(3 downto 0);
            WHEN "01" => digit <= x(7 downto 4);
            WHEN "10" => digit <= x(11 downto 8);
            WHEN others => digit <= x(15 downto 12);
        END CASE;
    END PROCESS;

-- 7-segment decoder: hex7seg
    PROCESS(digit)
    BEGIN
        CASE digit IS
            WHEN "0000" => a_TO_g <= "0000001";  --0
            WHEN "0001" => a_TO_g <= "1001111";  --1
            WHEN "0010" => a_TO_g <= "0010010";  --2
            WHEN "0011" => a_TO_g <= "0000110";  --3
            WHEN "0100" => a_TO_g <= "1001100";  --4
            WHEN "0101" => a_TO_g <= "0100100";  --5
            WHEN "0110" => a_TO_g <= "0100000";  --6
            WHEN "0111" => a_TO_g <= "0001101";  --7
            WHEN "1000" => a_TO_g <= "0000000";  --8
            WHEN "1001" => a_TO_g <= "0000100";  --9
            WHEN "1010" => a_TO_g <= "0001000";  --A
            WHEN "1011" => a_TO_g <= "1100000";  --B
            WHEN "1100" => a_TO_g <= "0110001";  --C
            WHEN "1101" => a_TO_g <= "1000010";  --D
            WHEN "1110" => a_TO_g <= "0110000";  --E
            WHEN others => a_TO_g <= "0111000";  --F
        END CASE;
    END PROCESS;

-- Digit SELECT: ancode
    PROCESS(s)
    BEGIN
        CASE s IS
```

```vhdl
            WHEN "00" => an <= "1110";
            WHEN "01" => an <= "1101";
WHEN "10" => an <= "1011";
WHEN others => an <= "0111";
        END CASE;
    END PROCESS;

-- Counter
    PROCESS(clk, clr)
    BEGIN
        IF clr = '1' THEN
            s <= "00";
        ELSIF clk' event AND clk = '1' THEN
            s<=s+1;
        END IF;
    END PROCESS;
END x7seg;
```

3. 任务验证

该代码对应的 Test Bench 代码如下。

```vhdl
LIBRARY IEEE;
USE IEEE.std_logic_1164.ALL;

ENTITY test IS
END test;

ARCHITECTURE behavior OF test IS

    COMPONENT x7seg
    PORT(
        x : IN std_logic_vector(15 downto 0);
        clk : IN std_logic;
        clr : IN std_logic;
        a_TO_g : OUT std_logic_vector(6 downto 0);
        an : OUT std_logic_vector(3 downto 0);
        dp : OUT std_logic
        );
    END COMPONENT;

    SIGNAL x : std_logic_vector(15 downto0) := (others => '0');
    SIGNAL clk : std_logic := '0';
    SIGNAL clr : std_logic := '0';
    SIGNAL a_TO_g : std_logic_vector(6 downto 0);
    SIGNAL an : std_logic_vector(3 downto 0);
    SIGNAL dp : std_logic;
    CONSTANT clk_period : time := 10 ns;
```

```
BEGIN

    uut: x7seg PORT map (
        x => x,
        clk => clk,
        clr => clr,
        a_TO_g => a_TO_g,
        an => an,
        dp => dp
    );

    clk_PROCESS :PROCESS
    BEGIN
        clk <= '0';
        WAIT FOR clk_period/2;
        clk <= '1';
        WAIT FOR clk_period/2;
    END PROCESS;

    stim_proc: PROCESS
    BEGIN
        clr<='1';
        WAIT FOR 105 ns;
        clr<='0';
        x<=x"1234";
        WAIT;
    END PROCESS;

END;
```

图 3.18 是七段数码管动态扫描显示仿真波形图,该仿真中数据输入仍然为"1234",即动态显示这 4 个数字。复位控制端在前 105ns 输入为高电平,实现对计数器的复位,之后被置低电平,数码管的输出受时钟 clk 的控制。

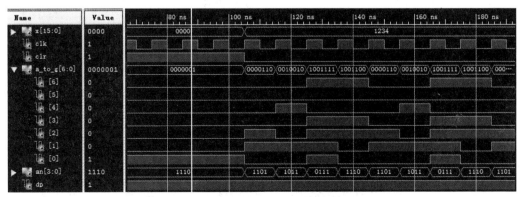

图 3.18 七段数码管动态扫描显示仿真波形图

可编程逻辑器件应用技术

> **任务小结**

在本任务中介绍了如何使用七段数码管进行显示，分别介绍了静态显示和动态扫描显示的原理和实现方法。作为数字系统中必备的显示部分，七段数码管占有重要的地位，通过该任务读者能掌握数码管的常用使用方法，为之后很多任务的实现打下了基础。

任务 3.3　任意分频比分频器的设计

分频器在数字电路综合设计过程中是不可或缺的部分，通过它可以将来自外部固定频率的时钟信号分频为各任务所需频率信号。在本任务中主要介绍任意分频比分频器的实现，要求了解和掌握计数器的工作原理，学会采用 VHDL 语言编写任意分频比分频器。

技能训练 3.7

任意分频比分频器的实现

1. 任务分析

数字系统中经常需要对脉冲个数进行计数，以实现计数、分频、数字测量、状态控制和数据运算等。较为常用的计数器主要是二进制计数器、十进制计数器和任意进制计数器等，本任务将介绍如何采用 VHDL 对计数器进行建模。

计数器另一个主要的应用就是构成分频器。分频器是每个数字系统中不可或缺的部分，如我们采用 Nexys3 实验板实现数字钟系统，就需要将板卡上的 100MHz 时钟信号分频成为 1Hz 供秒计数器使用。本任务将介绍分频器的 VHDL 实现方法。

2 的整数次幂分频器只能对分频比为 2^n 的情况进行分频，在有些场合需要对时钟信号进行任意分频比分频，本例中对 1kHz 信号进行分频得到 1Hz 信号，即分频比为 $10^3-1=999$。注意常量 cntendval 对应的值即为分频比(1111100111B=(1000-1)D)，而 cntendval 的位数决定了分频计数器的位数。

2. 任务实现

通过以上对任务的分析，可以得到对应的 VHDL 代码如下所示。

```
LIBRARY IEEE;
USE IEEE.STD_LOGIC_1164.ALL;
USE IEEE.STD_LOGIC_ARITH.ALL;
USE IEEE.STD_LOGIC_UNSIGNED.ALL;

ENTITY clkdiv IS
    PORT ( clkin : IN STD_LOGIC;
           clr : IN STD_LOGIC;
           clkout : OUT STD_LOGIC);
END clkdiv;
```

```vhdl
ARCHITECTURE clkdiv OF clkdiv IS

CONSTANT cntendval : STD_LOGIC_VECTOR(9 DOWNTO 0) := "1111100111";  --1K
SIGNAL cntval : STD_LOGIC_VECTOR (9 DOWNTO 0);
BEGIN

PROCESS (clk, clr)
  BEGIN
  IF clr = '1' THEN cntval <= (others=>'0');
    ELSIF (clk'event AND clk='1') THEN
      IF (cntval = cntendval) THEN
cntval <= (others=>'0');
      ELSE
cntval <= cntval + 1;
      END IF;
    END IF;
  END PROCESS;
  clkout <= cntval(9);
END clkdiv;
```

3. 任务验证

针对任意分频比分频器的功能进行验证，该 VHDL 代码对应的 Test Bench 代码如下。

```vhdl
LIBRARY IEEE;
USE ieee.std_logic_1164.ALL;

ENTITY test IS
END test;

ARCHITECTURE behavior OF test IS

    COMPONENT clkdiv
    PORT(
        clkin : IN  std_logic;
        clr : IN  std_logic;
        clkout : OUT  std_logic
       );
    END COMPONENT;

   SIGNAL clkin : std_logic := '0';
   SIGNAL clr : std_logic := '0';
   SIGNAL clkout : std_logic;
   CONSTANT clkin_period : time := 10 ns;

BEGIN

    uut: clkdiv PORT map (
```

```
            clkin => clkin,
            clr => clr,
            clkout => clkout
        );

    clkin_PROCESS :PROCESS
    BEGIN
        clkin <= '0';
        WAIT FOR clkin_period/2;
        clkin <= '1';
        WAIT FOR clkin_period/2;
    END PROCESS;

    stim_proc: PROCESS
    BEGIN
        clr<='1';
        WAIT FOR 10 ns;
        clr<='0';
        WAIT;
    END PROCESS;

END;
```

任意分频比分频仿真波形图如图 3.19 所示，在 Test Bench 中设置的输入时钟信号 clkin 周期为 10ns，而输出时钟信号 clkout 周期为 10μs，可见实现了 1000 分频。注意本任务中输出时钟信号占空比不为 50%。

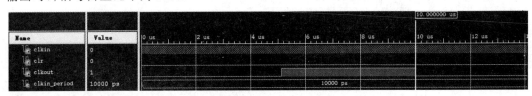

图 3.19　任意分频比分频仿真波形图

■ 任务小结

在本任务中，着重介绍了任意分频比分频器的原理和实现，通过本任务的学习，应掌握分频器的编写方法。

任务 3.4　脉冲宽度调制器的设计

脉冲宽度调制(Pulse-Width Modulation，PWM)技术，广泛应用于各种工业控制场合，最常见的应用包括直流电机转速控制，继电器的控制等。在本任务中着重介绍了脉冲宽度调制技术的原理和采用 VHDL 实现的方法。

学习情境 3 数字系统常用模块设计

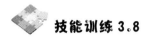

脉冲宽度调制器(PWM)的实现

1. 任务分析

本任务主要介绍如何使用 VHDL 设计脉冲宽度调制器,并介绍如何采用 PWM 信号控制 DC 电动机的速度以及舵机的位置。

在实际应用中,经常会要求 CPLD、FPGA 或 MCU 去控制电机或舵机等,但如果直接连接电动机或其他一些负载时,有可能会导致一个过大的电流流过数字电路,损坏电路。通常采用的方法是采用固态继电器(SSR)来实现对电机的控制。

如图 3.20 所示电路,数字电路提供一个小电流到 1、2 引脚,这样会打开固态继电器内的发光二极管(LED)。LED 发出的光会开启一个 MOSFET,它允许负载电流在如图 3.20 所示的输出引脚 4、3 之间流动。这种光耦合完全杜绝了从数字电路流出的高电流通过负载,也减小了可能扰乱数字电路正常操作的噪声。

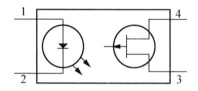

图 3.20 固态继电器

那如何来控制电机的转速呢?要使用一个逻辑电路控制一个 DC 电动机的速度,人们一般会选用一个如图 3.21 所示的脉冲宽度调制信号。这个脉冲的周期保持为一个常数,宽度为 1 的那段时间称为 duty,这个值是变化的。一个 PWM 的信号的脉冲宽度(duty cycle)定义为,信号为高(1)的存在时间,即

$$duty\ cycle = \frac{duty}{period} \times 100\%$$

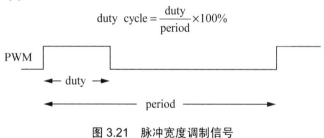

图 3.21 脉冲宽度调制信号

图 3.21 所示的 PWM 信号的平均 DC 值和 duty cycle 是成比例的。100%的 duty cycle 将会使得 DC 值等于 PWM 信号的最大值。50%的 duty cycle 将会使得 DC 值等于 PWM 信号的最大值的一半,等等。如果通过电动机的电压和 PWM 信号是成正比的,那么只要简单地更改一下脉冲宽度 duty cycle 就可以改变电动机的速度。

图 3.22 所示的就是一个使用 PWM 信号控制 DC 电动机速度的电路。它所使用的固态继电器原理如图 3.20 所示。470Ω电阻的作用是为了把通过 SSR 中 LED 的电流限定为约 8mA。芯片 7406 是一个集电极开路的反相器,当输入一个高电平的 PWM 信号到逻辑电

路时，会在 SSR 的引脚 2 处产生一个低电平，这个信号将会打开 LED，所以也将打开电动机。电动机的速度会随着 PWM 信号的 duty cycle 值的增加而增加。当通过电动机的电流迅速变为 0 时，在电动机的 SSR 边可能会出现一个负电压尖峰，而连接到电动机上的 1N4004 二极管的作用就是消除这个可能的负电压尖峰。

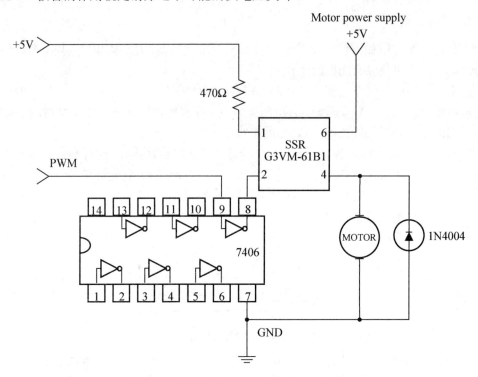

图 3.22 控制一个 DC 电动机速度的电路

2. 任务实现

脉冲宽度调制器同样是基于计数器来实现的。通过指定 period 和 duty 即能实现 PWM 的输出，当计数器处于"0"状态时，PWM 信号输出高电平，当计数器状态到达 duty 对应的状态时，PWM 信号翻转输出低电平，直到再次回到"0"状态。对应的 VHDL 代码如下所示。

```vhdl
LIBRARY IEEE;
USE IEEE.STD_LOGIC_1164.ALL;
USE IEEE.STD_LOGIC_UNSIGNED.ALL;

ENTITY pwm4 IS
    PORT(
        clr: IN STD_LOGIC;
        clk: IN STD_LOGIC;
        duty: IN STD_LOGIC_VECTOR(3 DOWNTO 0);
        period: IN STD_LOGIC_VECTOR(3 DOWNTO 0);
        pwm: OUT STD_LOGIC
    );
END pwm4;
```

```vhdl
ARCHITECTURE pwm4 OF pwm4 IS
SIGNAL count: STD_LOGIC_VECTOR(3 DOWNTO 0);
SIGNAL set, reset: STD_LOGIC;
BEGIN
    clk4: PROCESS(clk, clr) -- 4-bit counter
    BEGIN
        IF clr = '1' THEN
            count <= "0000";
        ELSIF clk' event AND clk = '1' THEN
            IF count = period -1 THEN
                count <= "0000";
            ELSE
                count <= count + 1;
            END IF;
        END IF;
    END PROCESS;

    sr1: PROCESS(set, reset, count)
    BEGIN
        set <= '0';
        reset <= '0';
        IF count = "0000" THEN
            set <= '1';
        END IF;
        IF count = duty THEN
            reset <= '1';
        END IF;
    END PROCESS sr1;

    sr2: PROCESS(clk)
    BEGIN
        IF clk' event AND clk = '1' THEN
            IF set = '1' THEN
                pwm <= '1';
            END IF;
            IF reset = '1' THEN
                pwm <= '0';
            END IF;
        END IF;
    END PROCESS sr2;

END pwm4;
```

3. 任务验证

该 VHDL 代码对应的 Test Bench 代码如下。

```vhdl
LIBRARY IEEE;
USE ieee.std_logic_1164.ALL;

ENTITY test IS
END test;

ARCHITECTURE behavior OF test IS

   COMPONENT pwm4
    PORT(
         clr : IN  std_logic;
         clk : IN  std_logic;
         duty : IN  std_logic_vector(3 DOWNTO 0);
         period : IN  std_logic_vector(3 DOWNTO 0);
         pwm : OUT  std_logic
        );
    END COMPONENT;

   SIGNAL clr : std_logic := '0';
   SIGNAL clk : std_logic := '0';
   SIGNAL duty : std_logic_vector(3 DOWNTO 0) := (others => '0');
   SIGNAL period : std_logic_vector(3 DOWNTO 0) := (others => '0');
   SIGNAL pwm : std_logic;
   CONSTANT clk_period : time := 10 ns;

BEGIN

   uut: pwm4 PORT map (
          clr => clr,
          clk => clk,
          duty => duty,
          period => period,
          pwm => pwm
        );

   clk_PROCESS :PROCESS
   BEGIN
        clk <= '0';
        WAIT FOR clk_period/2;
        clk <= '1';
        WAIT FOR clk_period/2;
   END PROCESS;

   stim_proc: PROCESS
   BEGIN
```

```
        clr <= '1';
        period <= "1111";
        duty <= "0100";   --"0100"/"1000"/"1100"--1/4 1/2 3/4
        WAIT FOR 10 ns;
        clr <= '0';
        WAIT;
    END PROCESS;

END;
```

脉冲宽度调制器的仿真波形图如图 3.23 所示，此时选择的 period 为 "1111"，duty 为 "0100"，因此 duty cycle 为 1/4。如果选择 period 为 "1111"，duty 为 "1100"，则 duty cycle 为 3/4，如图 3.24 所示。

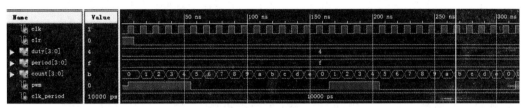

图 3.23 脉冲宽度调制器仿真波形图 1

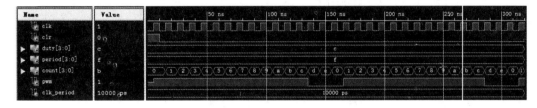

图 3.24 脉冲宽度调制器仿真波形图 2

技能训练 3.9

采用 PWM 控制舵机位置

1. 任务分析

伺服电机是一种特定类型的器件，它把一个 DC 电动机，一些齿轮，一个电位器和用于位置反馈控制的电子电路封装成一个单个的小型装置。这种舵机广泛地应用于飞机模型和汽车的雷达控制，因此它得到了大量的生产且价格便宜。图 3.25 所示的是一个典型的这种类型的舵机，即 Futaba S3004。这种舵机附着 3 根线，红色的那根接+5V 电压，黑色的那根接地，白色的那根接控制电机轴的 PWM 信号。

通过限位停止限制器阻止电机轴的移动超过 90°。图 3.26 所示的是用于控制一个舵机位置的 PWM 信号。注意，它的周期被固定为 20ms，脉冲宽度从 1.1ms 变化到 1.9ms 是为了在 90° 角范围内移动轴的位置。在本任务中，我们将介绍如何使用 VHDL 语言产生这样一个 PWM 信号。

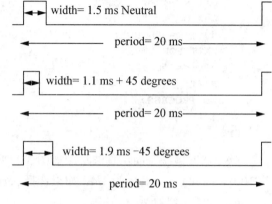

图 3.25　Futaba S3004 舵机　　　　图 3.26　控制一个舵机位置的 PWM 信号

下面通过两个例子介绍如何采用 VHDL 语言设计脉冲宽度调制器。

2. 任务实现

控制舵机的 PWM 信号必须遵循图 3.26 的要求，周期为 20ms，如果要求舵机转过+45 度，则要求高电平脉冲宽度为 1.1ms；如果要求舵机转过-45°，则要求高电平脉冲宽度为 1.9ms；要求舵机在中立位置，则要求高电平脉冲宽度为 1.5ms。

如 Nexys3 板卡上提供的晶振频率为 100MHz，采用前面介绍的任意分频比分频器，分频产生 10kHz 信号作为 PWM 计数器时钟输入，可以确定 period 值为 20 000，如果选择舵机转过+45°，可选择 duty 为 1 100 即可；如果转过-45°，可选择 duty 为 1 900 即可；如果要求中立状态，可选择 duty 为 1 500。如果依然选择二进制计数器作为 PWM 计数器，则选择计数器位数为 15 位。对应的 VHDL 代码如下所示。

```vhdl
LIBRARY IEEE;
USE IEEE.STD_LOGIC_1164.ALL;
USE IEEE.STD_LOGIC_UNSIGNED.ALL;

ENTITY pwmg IS
    generic(N: integer := 15);
PORT(
        clr: IN STD_LOGIC;
        clk: IN STD_LOGIC;
        duty: IN STD_LOGIC_VECTOR(N-1 DOWNTO 0);
        period: IN STD_LOGIC_VECTOR(N-1 DOWNTO 0);
        pwm: OUT STD_LOGIC
    );
END pwmg;

ARCHITECTURE pwmg OF pwmg IS
SIGNAL count: STD_LOGIC_VECTOR(N-1 DOWNTO 0);
SIGNAL set, reset: STD_LOGIC;
BEGIN
    clk4: PROCESS(clk, clr) -- N-bit counter
```

```vhdl
    BEGIN
        IF clr = '1' THEN
           count <= (others => '0');
        ELSIF clk' event AND clk = '1' THEN
           IF count = period -1 THEN
              count <= (others => '0');
           ELSE
              count <= count + 1;
           END IF;
        END IF;
    END PROCESS clk4;

    sr1: PROCESS(set, reset, count)
    VARIABLE z: STD_LOGIC;
    BEGIN
        z := '0';   -- z='0' IF count=0
FOR i IN 0 TO N-1 LOOP
        z := z OR count(i);
END LOOP;
set <= '0';
        reset <= '0';
        IF z = '0' THEN
           set <= '1';
        END IF;
        IF count = duty THEN
           reset <= '1';
        END IF;
    END PROCESS sr1;

    sr2: PROCESS(clk)
    BEGIN
        IF clk' event AND clk = '1' THEN
           IF set = '1' THEN
              pwm <= '1';
           END IF;
           IF reset = '1' THEN
              pwm <= '0';
           END IF;
        END IF;
    END PROCESS sr2;

END pwmg;
```

3. 任务验证

该 VHDL 代码对应的 Test Bench 代码如下。

```vhdl
LIBRARY IEEE;
USE ieee.std_logic_1164.ALL;

ENTITY test IS
END test;

ARCHITECTURE behavior OF test IS
    COMPONENT pwmg
    PORT(
        clr : IN std_logic;
        clk : IN std_logic;
        duty : IN std_logic_vector(14 DOWNTO 0);
        period : IN std_logic_vector(14 DOWNTO 0);
        pwm : OUT std_logic
        );
    END COMPONENT;

    SIGNAL clr : std_logic := '0';
    SIGNAL clk : std_logic := '0';
    SIGNAL duty : std_logic_vector(14 DOWNTO 0) := (others => '0');
    SIGNAL period : std_logic_vector(14 DOWNTO 0) := (others => '0');
    SIGNAL pwm : std_logic;
    CONSTANT clk_period : time := 10 ns;

BEGIN

    uut: pwmg PORT map (
        clr => clr,
        clk => clk,
        duty => duty,
        period => period,
        pwm => pwm
        );

    clk_PROCESS :PROCESS
    BEGIN
        clk <= '0';
        WAIT FOR clk_period/2;
        clk <= '1';
        WAIT FOR clk_period/2;
    END PROCESS;

    stim_proc: PROCESS
```

```
BEGIN
  clr <= '1';
  period <= "100111000100000";    --20000D
  duty <= "000010001001100";      --1100D
  WAIT FOR 10 ns;
  clr <= '0';
  WAIT;
END PROCESS;

END;
```

舵机控制 PWM 信号仿真波形图如图 3.27 所示，此时选择的 period 为 20 000，选择的 duty 为 1 100，Test Bench 中选择 clk 信号周期为 1μs，即频率为 10kHz，则 PWM 的周期正好为 20ms，而高电平脉宽为 1.1ms，可控制舵机转到+45°。

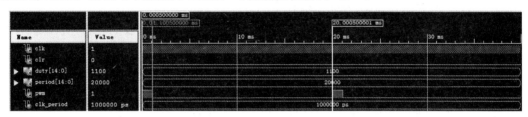

图 3.27　舵机控制 PWM 信号仿真波形图

任务小结

本任务主要介绍了脉冲宽度调制(PWM)的 VHDL 实现。PWM 在实际电路设计中是非常重要的控制手段，可用于对电机速度、舵机角度和加热装置等的控制。通过本任务学习可以了解到采用 VHDL 实现 PWM 的方法，为今后灵活应用该方法打下扎实的基础。

任务 3.5　有限状态机的设计

有限状态机的思想在数字电路设计中被广泛采用，在解决各类包含有若干个关联状态问题时非常有效。本任务将介绍有限状态机的原理，包括米里状态机和摩尔状态机的原理及实现并通过交通灯为例说明状态机的运用。

本任务将介绍有限状态机(Finite State Machine)的 VHDL 建模方法。有限状态机是一种常见的电路，是对较为复杂的数字逻辑问题进行描述的重要手段。通常状态机可以分为米里状态机和摩尔状态机。

图 3.28 描述了一个经典状态机的示意图。其中 $x(t)$ 为当前输入，$z(t)$ 为当前输出，状态寄存器(也就是一组触发器)输出当前状态 $s(t)$，组合逻辑电路则给出下一个状态 $s(t+1)$。

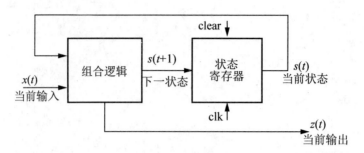

图 3.28　状态机示意图

一种比较方便的办法是把图 3.28 中的组合逻辑电路分成两个部分 C1、C2，如图 3.29 所示。组合逻辑任务 C1 有两个输入端，分别为当前输入 $x(t)$ 和当前状态 $s(t)$，其输出下一个状态 $s(t+1)$。组合逻辑任务 C2 也将当前输入和当前状态作为其两个输入端，输出当前状态机输出 $z(t)$。像这样输出 $z(t)$ 取决于当前输入 $x(t)$ 和当前状态 $s(t)$ 两个信号的状态机，我们称之为米里状态机(Mealy State Machine)。

如果像这种输出 $z(t)$ 仅取决于当前状态 $s(t)$，如图 3.30 所示，我们称这种状态机为摩尔状态机(Moore State Machine)。

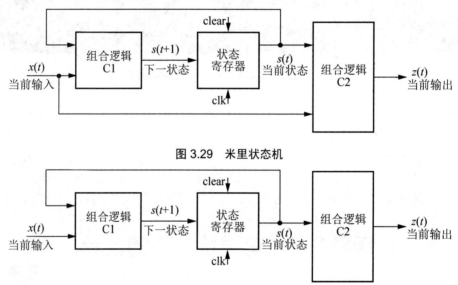

图 3.29　米里状态机

图 3.30　摩尔状态机

下面通过"1101"序列检测器的摩尔状态机实现和米里状态机实现来介绍如何用 VHDL 来描述两种不同的状态机，另外将介绍状态机的另一经典应用——交通灯。

技能训练 3.10

序列检测器的实现(摩尔状态机)

1. 任务分析

首先应画出摩尔状态机的状态转移图。其中当检测到序列"1101"时，状态机输出 1。

定义初始状态 S0 为没有检测到 1 输入时的情况。因为现在设计的是摩尔状态机，其输出仅取决于当前状态，所以以将每个状态对应的输出写在图 3.31(a)各个圆圈状态名之下。如果当前状态为 S0，输入为 0，那么下一个状态还是停留在 S0，如图中所示，输入信号标识在箭头附近。

如果输入为 1，就转移到状态 S1，这意味着接收到了单个"1"。此时如果输入为 0，就回到 S0，如图 3.31(b)中箭头所示。与此相对的，如果在状态 S1 时接收到输入 1，那么就转移到状态 S2，如图 3.31(c)所示，这意味着连续两个"1"被成功接收到。如果在 S2 时，输入为 1，那么下一个状态将还是停留在 S2 上。如图 3.31(c)所示。另一方面，如果在 S2 时接收到输入 0，那么将转移到新的状态 S3，如图 3.135d 所示，这意味着序列"110"被成功接收到。如果在 S3 时，输入为 0，就得回到最初始的状态 S0，如图 3.31(d)所示。与此相对，如果在 S3 时输入为 1，就转移到状态 S4，这表示所需序列"1101"被检测到，所以此时对应的输出为 1。请注意当在 S4 时，如果输入为 0，就得回到初始状态 S0；如果输入为 1，就回到状态 S2，如图 3.31(e)所示(此时两个连续的 1 被接收到)。

在这个序列检测器中，允许前后两个序列相重叠，也就是说，前一个"1101"最后一位 1 可以作为后一个"1101"序列的起始位。如果不允许序列重叠的情况出现，那么只需将 S4 到 S2 的转移替换成 S4 到 S1 即可。

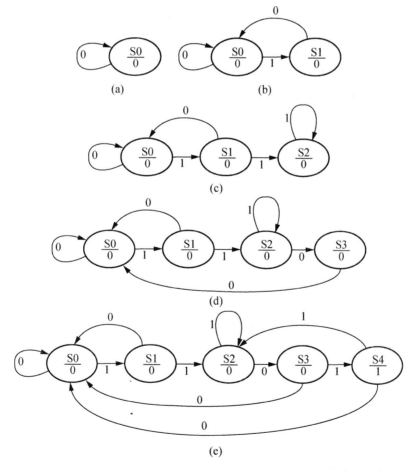

图 3.31 "1101"序列检测器状态转移图(摩尔状态机)

2. 任务实现

如图 3.31 所示的状态转移图,可以看出共需要有 5 个状态,我们用状态 S0、S1、S2、S3 和 S4 来表示,那么状态寄存器应该是多少位的呢?因为一共有 5 个状态,所以如果用二进制编码来定义不同状态的话,那么状态寄存器至少要有 3 位。另一种状态编码方式被称为"独热码",这种编码方式为每个状态赋予单独的寄存器,所以此时我们需要 5 位的寄存器,如图 3.32 所示。你可能会认为"独热码"会造成寄存器资源的浪费。但在 FPGA 寄存器资源比较丰富的情况下,"独热码"是经常采用的状态编码方式,采用这种方法能有效地减少计算下一状态的组合逻辑电路的复杂度。其他编码方式,如格雷码(Gray Code) 也是经常采用的编码方式。

状态	二进制编码	独热码
S0	000	00001
S1	001	00010
S2	010	00100
S3	011	01000
S4	100	10000

图 3.32 状态编码方式

在下面的例子中,我们用 type 语句来定义 5 个状态 S0、S1、S2、S3、S4,接着定义两个变量 present_state 和 next_state:

```
type state_type IS (S0,S1,S2,S3,S4);
SIGNAL present_state, NEXT_state: state_type;
```

另外使用了 3 个并行的 process 进程来实现状态寄存器和两个组合逻辑任务 C1 和 C2。状态寄存器进程中,clr 为高时,present_state 设为 S0,否则将 next_state 赋予 present_state。C1 进程中使用了 CASE 语句来实现图 3.31 所示的状态转移图。C2 中的进程根据当前状态给出对应的输出,注意其中未出现当前输入 din。对应的 VHDL 代码如下所示。

```
LIBRARY IEEE;
USE IEEE.STD_LOGIC_1164.ALL;

ENTITY seqdeta IS
    PORT ( clk : IN  STD_LOGIC;
           clr : IN  STD_LOGIC;
           din : IN  STD_LOGIC;
           dout : OUT STD_LOGIC);
END seqdeta;

ARCHITECTURE seqdeta OF seqdeta IS
type state_type IS (s0, s1, s2, s3, s4);
SIGNAL present_state, NEXT_state: state_type;
BEGIN
sreg: PROCESS(clk,clr)
```

```vhdl
BEGIN
    IF clr = '1' THEN
        present_state <= s0;
     ELSIF clk'event AND clk = '1' THEN
        present_state <= NEXT_state;
     END IF;
END PROCESS;

C1: PROCESS(present_state, din)
BEGIN
  CASE present_state IS
     WHEN s0 =>
         IF din = '1' THEN
           NEXT_state <= s1;
         ELSE
           NEXT_state <= s0;
         END IF;
       WHEN s1 =>
         IF din = '1' THEN
           NEXT_state <= s2;
         ELSE
           NEXT_state <= s0;
         END IF;
       WHEN s2 =>
         IF din = '0' THEN
           NEXT_state <= s3;
         ELSE
           NEXT_state <= s2;
         END IF;
       WHEN s3 =>
         IF din = '1' THEN
           NEXT_state <= s4;
         ELSE
           NEXT_state <= s0;
         END IF;
       WHEN s4 =>
         IF din = '0' THEN
           NEXT_state <= s0;
         ELSE
           NEXT_state <= s2;
         END IF;
       WHEN others => null;
  END CASE;
END PROCESS;

C2: PROCESS(present_state)
```

```vhdl
BEGIN
  IF present_state = s4 THEN
    dout <= '1';
  ELSE
    dout <= '0';
  END IF;
END PROCESS;
END seqdeta;
```

3. 任务验证

该 VHDL 代码对应的 Test Bench 代码如下。

```vhdl
LIBRARY IEEE;
USE ieee.std_logic_1164.ALL;

ENTITY test IS
END test;

ARCHITECTURE behavior OF test IS

    COMPONENT seqdeta
    PORT(
        clk : IN  std_logic;
        clr : IN  std_logic;
        din : IN  std_logic;
        dout : OUT  std_logic
       );
    END COMPONENT;
    

   SIGNAL clk : std_logic := '0';
   SIGNAL clr : std_logic := '0';
   SIGNAL din : std_logic := '0';
   SIGNAL dout : std_logic;
   CONSTANT clk_period : time := 10 ns;
 
BEGIN
    uut: seqdeta PORT map (
        clk => clk,
        clr => clr,
        din => din,
        dout => dout
       );

   clk_PROCESS :PROCESS
   BEGIN
        clk <= '0';
```

```
      WAIT FOR clk_period/2;
      clk <= '1';
      WAIT FOR clk_period/2;
   END PROCESS;

   stim_proc: PROCESS
   BEGIN
      clr <= '1';
      WAIT FOR 10 ns;
      clr <= '0';
      WAIT;
   END PROCESS;

   PROCESS
   BEGIN
      din <= '1';
      WAIT FOR 10 ns;
      din <= '0';
      WAIT FOR 10 ns;
      din <= '1';
      WAIT FOR 30 ns;
      din <= '0';
      WAIT FOR 10 ns;
      din <= '1';
      WAIT FOR 10 ns;
   END PROCESS;
END;
```

序列检测器的仿真波形图如图3.33所示。可以看到当检测到序列"1101"时，输出高电平；同时留意序列重叠情况，如输出第二次出现高电平时，同时可以看到状态寄存器的变化。

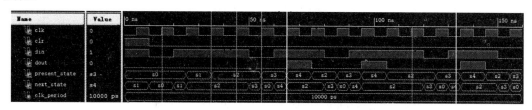

图3.33　序列检测器的仿真波形图(摩尔状态机)

 技能训练 3.11

序列检测器的实现(米里状态机)

1. 任务分析

图3.31所示的状态转移图共有5个状态，其中当前状态为S4时，状态机输出1。另

一种实现序列检测器的方法是使用米里状态机,则当前状态为 S3 且输入为 1 时,状态机输出为 1。图 3.34 给出了相同序列"1101"米里状态机检测器的状态转移图。

图 3.34 中,输出与输入一起被标识在状态转移箭头上,也就是说,转移箭头上的标注为"当前输入/当前输出"。必须明白的一点是,此时输出取决于当前输入和当前状态,如图 3.35 所示。例如,当前状态为 S3(意味着序列"110"被检测到)且当前输入为 1 时,输出 z 为 1。在下一个时钟上升沿,状态变为 S1,输出 z 变为 0,也就是说输出 z 不会被锁存在 1 上。

如果我们希望 z 是一个寄存器变量(当状态转到 S1 时,输出 1 的值被锁存),我们可以在图 3.35 的输出逻辑上加一个触发器。也就是说,图 3.35 中的 C2 任务被连接到 D 型触发器上。这种情况下,当前状态为 S3 且输入为 1 时,状态机输出为 1,在下一个时钟上升沿到来时,输出 z 被锁存到寄存器中,而状态则变为 S1。

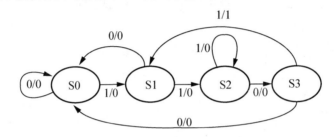

图 3.34 "1101"序列检测器状态转移图(米里状态机)

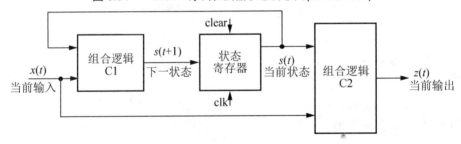

图 3.35 米里状态机

从上述的状态转移图我们可以发现,摩尔状态机每个状态仅对应一个输出,而米里状态机每个状态根据输入不同具有两个不同的输出。通过这个例子我们可以理解摩尔状态机与米里状态机的区别,即摩尔状态机的输出仅取决于当前状态与当前输入无关,而米里状态机的输出不仅取决于当前状态也取决于当前输入。

2. 任务实现

本例中给出了图 3.35 所示的米里状态机的 VHDL 代码,将其与上例做比较。注意米里状态机只有 4 个状态,所以我们只需要 2 位的二进制数来对状态编码。其次注意到,输出任务 C2 此时也变为时序电路,当当前状态为 S3 且输入为 1 时,输出值被寄存。对应的 VHDL 代码如下所示。

```
LIBRARY IEEE;
USE IEEE.STD_LOGIC_1164.ALL;
```

```vhdl
ENTITY seqdetb IS
   PORT ( clk : IN  STD_LOGIC;
          clr : IN  STD_LOGIC;
          din : IN  STD_LOGIC;
          dout : OUT  STD_LOGIC);
END seqdetb;

ARCHITECTURE seqdetb OF seqdetb IS
type state_type IS (s0, s1, s2, s3);
SIGNAL present_state, NEXT_state: state_type;
BEGIN
sreg: PROCESS(clk,clr)
BEGIN
    IF clr = '1' THEN
        present_state <= s0;
     ELSIF clk'event AND clk = '1' THEN
        present_state <= NEXT_state;
     END IF;
END PROCESS;

C1: PROCESS(present_state, din)
BEGIN
  CASE present_state IS
     WHEN s0 =>
        IF din = '1' THEN
          NEXT_state <= s1;
        ELSE
          NEXT_state <= s0;
        END IF;
      WHEN s1 =>
        IF din = '1' THEN
          NEXT_state <= s2;
        ELSE
          NEXT_state <= s0;
        END IF;
      WHEN s2 =>
        IF din = '0' THEN
          NEXT_state <= s3;
        ELSE
          NEXT_state <= s2;
        END IF;
      WHEN s3 =>
        IF din = '1' THEN
          NEXT_state <= s1;
        ELSE
```

```vhdl
                    NEXT_state <= s0;
                END IF;
            WHEN others =>
                null;
    END CASE;
END PROCESS;


C2: PROCESS(clk,clr)
BEGIN
    IF clr = '1' THEN
        dout <= '1';
    ELSIF clk'event AND clk = '1' THEN
        IF present_state = s3 AND din = '1' THEN
            dout <= '1';
        ELSE
            dout <= '0';
        END IF;
    END IF;
END PROCESS;

END seqdetb;
```

3. 任务验证

该 VHDL 代码对应的 Test Bench 代码如下。

```vhdl
LIBRARY IEEE;
USE ieee.std_logic_1164.ALL;

ENTITY test IS
END test;

ARCHITECTURE behavior OF test IS

    COMPONENT seqdetb
    PORT(
        clk : IN std_logic;
        clr : IN std_logic;
        din : IN std_logic;
        dout : OUT std_logic
        );
    END COMPONENT;

    SIGNAL clk : std_logic := '0';
    SIGNAL clr : std_logic := '0';
    SIGNAL din : std_logic := '0';
    SIGNAL dout : std_logic;
```

```vhdl
    CONSTANT clk_period : time := 10 ns;
BEGIN

    uut: seqdetb PORT map (
         clk => clk,
         clr => clr,
         din => din,
         dout => dout
        );

    clk_PROCESS :PROCESS
    BEGIN
        clk <= '0';
        WAIT FOR clk_period/2;
        clk <= '1';
        WAIT FOR clk_period/2;
    END PROCESS;

     stim_proc: PROCESS
    BEGIN
       clr <= '1';
        WAIT FOR 10 ns;
        clr <= '0';
      WAIT;
    END PROCESS;

     PROCESS
     BEGIN
         din <= '1';
         WAIT FOR 10 ns;
         din <= '0';
         WAIT FOR 10 ns;
         din <= '1';
         WAIT FOR 30 ns;
         din <= '0';
         WAIT FOR 10 ns;
         din <= '1';
         WAIT FOR 10 ns;
       END PROCESS;
END;
```

序列检测器的仿真波形图如图 3.36 所示。可以看到当检测到序列"1101"时,输出高电平;同时留意序列重叠情况,如输出第二次出现高电平时,同时可以看到状态寄存器的变化。与图 3.36 相比较可以发现米里状态机只有 4 个状态。

可编程逻辑器件应用技术

图 3.36 序列检测器的仿真波形图(米里状态机)

 技能训练 3.12

交通灯控制系统的实现

1. 任务分析

在一些应用中，我们会碰到这样的问题：产生任意的状态序列，并且在每个状态停留任意时间。例如，考虑如图 3.37 所示的交通灯。假设交通灯处于南北和东西两条大街的十字路口。

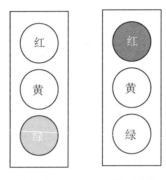

图 3.37 交通灯示意图

如常识所知，交通的状态变化见表 3-2，这里我们选择绿灯时间为 15s，红灯时间为 21s，黄灯时间为 3s。

表 3-2 交通灯状态表

状态	南北大街	东西大街	时延/s
0	绿	红	15
1	黄	红	3
2	红	红	3
3	红	绿	15
4	红	黄	3
5	红	红	3

交通灯的状态转移图如图 3.38 所示，共包括了 6 个状态。

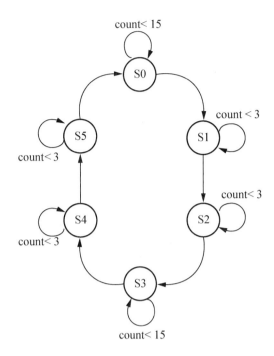

图 3.38 交通灯状态转移图

考虑到状态的变化由计数器决定，因此可以将状态寄存器进程和组合逻辑任务 C1 结合在一起构成一个进程。

2．任务实现

对应的 VHDL 代码如下所示。

```vhdl
LIBRARY IEEE;
USE IEEE.STD_LOGIC_1164.ALL;
USE IEEE.STD_LOGIC_UNSIGNED.ALL;

ENTITY traffic IS
    PORT ( clk : IN  STD_LOGIC;
           clr : IN STD_LOGIC;
           lights : OUT  STD_LOGIC_VECTOR (5 DOWNTO 0));
END traffic;

ARCHITECTURE traffic OF traffic IS
type state_type IS (s0,s1,s2,s3,s4,s5);
SIGNAL state: state_type;
SIGNAL count: STD_LOGIC_VECTOR(3 DOWNTO 0);
CONSTANT SEC5: STD_LOGIC_VECTOR(3 DOWNTO 0) := "1110";
CONSTANT SEC1: STD_LOGIC_VECTOR(3 DOWNTO 0) := "0010";

BEGIN
C1: PROCESS(clk,clr)
BEGIN
```

```vhdl
    IF clr = '1' THEN
       state <= s0;
       count <= X"0";
    ELSIF clk'event AND clk = '1' THEN
       CASE state IS
          WHEN s0 =>
              IF count < SEC5 THEN
                 state <= s0;
                 count <= count + 1;
              ELSE
                 state <= s1;
                 count <= X"0";
              END IF;
          WHEN s1 =>
              IF count < SEC1 THEN
                 state <= s1;
                 count <= count + 1;
              ELSE
                 state <= s2;
                 count <= X"0";
              END IF;
          WHEN s2 =>
              IF count < SEC1 THEN
                 state <= s2;
                 count <= count + 1;
              ELSE
                 state <= s3;
                 count <= X"0";
              END IF;
          WHEN s3 =>
              IF count < SEC5 THEN
                 state <= s3;
                 count <= count + 1;
              ELSE
                 state <= s4;
                 count <= X"0";
              END IF;
          WHEN s4 =>
              IF count < SEC1 THEN
                 state <= s4;
                 count <= count + 1;
              ELSE
                 state <= s5;
                 count <= X"0";
              END IF;
          WHEN s5 =>
              IF count < SEC1 THEN
                 state <= s5;
```

```vhdl
                    count <= count + 1;
                ELSE
                   state <= s0;
                    count <= X"0";
                END IF;
            WHEN others =>
                   state <= s0;
         END CASE;
      END IF;
END PROCESS;

C2: PROCESS(state)
BEGIN
    CASE state IS
                   --RYG RYG
        WHEN s0 => lights <= "100001";
        WHEN s1 => lights <= "100010";
        WHEN s2 => lights <= "100100";
        WHEN s3 => lights <= "001100";
        WHEN s4 => lights <= "010100";
        WHEN s5 => lights <= "100100";
        WHEN OTHERS => lights <= "100001";
    END CASE;
END PROCESS;
END traffic;
```

3. 任务验证

该 VHDL 代码对应的 Test Bench 代码如下。

```vhdl
LIBRARY IEEE;
USE ieee.std_logic_1164.ALL;

ENTITY test IS
END test;

ARCHITECTURE behavior OF test IS
    COMPONENT traffic
    PORT(
        clk : IN std_logic;
        clr : IN std_logic;
        lights : OUT std_logic_vector(5 DOWNTO 0)
        );
    END COMPONENT;

    SIGNAL clk : std_logic := '0';
    SIGNAL clr : std_logic := '0';
    SIGNAL lights : std_logic_vector(5 DOWNTO 0);
```

```
    CONSTANT clk_period : time := 10 ns;

BEGIN

    uut: traffic PORT map (
        clk => clk,
        clr => clr,
        lights => lights
    );

    clk_PROCESS :PROCESS
    BEGIN
        clk <= '0';
        WAIT FOR clk_period/2;
        clk <= '1';
        WAIT FOR clk_period/2;
    END PROCESS;

    stim_proc: PROCESS
    BEGIN
        clr <= '1';
        WAIT FOR 5 ns;
        clr <= '0';
        WAIT;
    END PROCESS;

END;
```

交通灯的仿真波形图如图 3.39 所示，可以看到 6 个状态的变化，同时请留意计数器的模数。

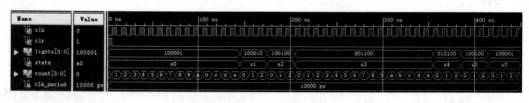

图 3.39　交通灯仿真波形图

任务小结

本任务主要介绍有限状态机的 VHDL 描述方式。有限状态机是描述较为复杂的数字电路的重要手段，通常分为摩尔状态机和米里状态机两种。在本任务中通过前两个例子介绍了摩尔状态机和米里状态机在描述上的差异，并通过交通灯的例子进一步说明了状态机在实际应用中的使用方法。

知识梳理与总结

本学习情境中主要介绍了以下内容。
(1) 采用 VHDL 语言实现常用的运算电路，如加法器、减法器和乘法器。
(2) 采用 VHDL 语言控制七段 LED 数码管动态显示。
(3) 采用 VHDL 语言实现任意分频比的分频器。
(4) 采用 VHDL 语言实现 PWM 控制信号，控制电机或舵机。
(5) 采用 VHDL 语言实现有限状态机，并以序列检测器和交通灯为例。
通过本学习情境的学习，读者应掌握采用 VHDL 语言实现具体功能模块的方法。

习题 3

1. 在对组合逻辑电路进行建模时最常用的两种方法是什么？
2. 采用 VHDL 语言设计 3 位二进制数到格雷码的代码转换器。
3. 采用 VHDL 语言设计 4 位二进制码到余三码的代码转换器。
4. 采用 VHDL 实现 100MHz 到 1Hz 的任意分频比分频器，并仿真验证。
5. 采用 VHDL 语言描述 4 位减法计数器，并仿真验证。
6. 采用 VHDL 语言实现 duty cycle 从 0% 到 100% 均匀变化的 PWM 控制器，并仿真验证。

学习情境 4

应用系统设计实战

本学习情境给出部分典型数字电路的 VHDL 设计方法,这些实用数字电路一般可作为其他更复杂数字系统的某个模块加以直接调用。通过本学习情境的介绍,希望给读者提供更多有实践价值的实例,读者也可从本学习情境内容获得一些设计方面的启发。本学习情境内容可以作为课程设计的选题或者学生自主科技活动的练习内容。

任务 4.1　可编程器件应用系统的设计步骤

可编程器件应用系统的设计步骤如图 4.1 所示，主要的工作包括以下几个方面。

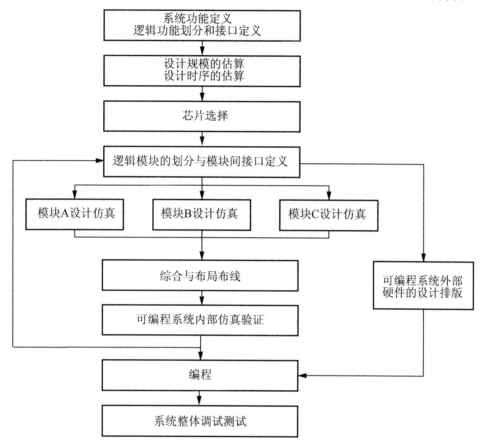

图 4.1　可编程逻辑器件应用系统的设计步骤

1. 系统功能定义

首先要对设计要求进行分析，明确所设计的可编程器件应用系统要完成的逻辑功能及性能指标。

2. 系统模块划分和接口定义

根据可编程器件应用系统功能的要求，确定系统采用的方案体系，画出系统的框图。定义可编程器件应用系统中的各个逻辑功能模块及模块之间的相互接口。

3. 资源分配

确定每一模块的实现方法及占用的资源(可编程器件内部/外部)，定义可编程系统的输入/输出端口(I/O 口)。

4. 选择芯片

考虑以下因素选择合适的可编程器件。

(1) 资源：对各模块所需的资源(门及宏单元的数目)、可编程系统的 I/O 口的数目进行估算。选择芯片时对资源的估算应留有裕量。

(2) 速度：对可编程系统所需的时钟速率，允许的时延进行估算。

(3) 确定工作环境：明确系统的工作电压、内核电压、输入/输出电平、负载能力、工作环境。

(4) 在线编程：确定系统是否需要在线编程(在线升级)功能。如需在线编程功能，选择具有在线编程能力的芯片，并在硬件设计中预留 JATG 口。

(5) 开发系统：对开发系统的价格、性能、熟悉程度、复杂程度进行估计。

(6) 芯片价格：常用芯片的价格较低。

(7) 封装：芯片的体积，生产制造工艺。

(8) 供货渠道：不选用已停产的芯片，常用的芯片供货周期短。

5. 硬件设计

在可编程系统的功能明确、模块功能和接口定义确定、资源分配和芯片选择完成后，即可进行可编程应用系统的硬件设计。硬件设计的过程主要有：确定使用的器件、查阅相关的器件数据手册、绘制电原理图、印制电路板的排版制作、器件清单的确定及器件采购、印制板装焊及系统调试、测试。

在可编程器件应用系统的硬件设计过程中应注意以下几点。

(1) 估算可编程器件资源时，要留有一定的裕量。

(2) 如果需要在线可编程，需引出 JATG 口。

(3) 为了方便 PCB 板的布线，I/O 引脚的定义可以进行调整。但在强编程器件内部设计时，引脚的定义一定要与实际的硬件排版一致。

(4) 在硬件设计时，如果在可编程器件之外有信号通过可编程器件的 I/O 引脚输入到可编程器件内部，而在可编程器件内部设计时该输入信号又未被引用时，要在可编程器件内部保留该输入引脚，并锁定在相应的引脚上，否则，可编程器件内部会给该引脚加上电压，导致该引脚上存在逻辑冲突，芯片发热烧毁。

6. 可编程器件内部设计(以 Xilinx 的 Nexys 开发板为例)

(1) 可编程器件的功能定义和器件的接口引脚定义。

(2) 可编程器件内部的模块划分及模块间的接口定义。

(3) 模块设计：以图形法与 VHDL 语言相结合。

(4) 可编程器件内部的设计输入。

(5) 编译与综合。

(6) 仿真与纠错。

(7) 指定芯片与引脚锁定。

(8) 编译与综合。

(9) 编程(程序下载)。

7. 系统测试

在系统测试时，如果发现设计有错误或缺陷，可首先考虑从可编程器件内部的设计中去纠正，尽量避免修改硬件，这样可减小设计周期、降低设计成本。

任务4.2 系统的设计层次与描述方式

可编程逻辑器件系统的设计涉及设计的不同层次：系统层(system)、算法层(algorithm)、寄存器传输层(register transfer)、逻辑层(logic)和电路层(circuit)。对每一个层次，可以在三个不同的领域进行描述：行为(behave)领域、结构(architecture)领域和物理(physics)领域。模拟系统设计、数字系统设计、可编程器件应用系统设计有着相似的设计过程、设计层次和描述方式，可编程逻辑器件应用系统的设计层次和描述领域见表4-1。

表4-1 可编程逻辑器件应用系统的设计层次与描述领域

领域 层次	行为领域	结构领域	物理领域
系统层	系统功能定义：系统输入/输出信号的指标	系统从输入到输出的算法：系统中的模块及模块之间的连接(方框图)	系统输入/输出接口、模块的结构尺寸及连线的几何描述
算法层	各模块的功能定义：各模块的输入/输出的指标	各模块的实现方案：硬件实现的模块选择所用的芯片，选择可编程器件，可编程器件内部实现的模块的算法定义	硬件：使用的芯片及连接的物理实现； 可编程器件：输入/输出引脚的定义、宏单元、宏模块及之间的连接
寄存器传输层	真值表、功能表、算术表达式、状态图	各模块的传输级实现(寄存器、计数器、译码器、选择器等功能块及之间的连接)	功能块之间的物理连接
逻辑层	逻辑表达式	各模块的门级实现(基本门电路、触发器及之间的连接)	门级布板图
电路层	电压、电流方程	各模块的电路级实现(晶体管、场效应管、电阻、电容及之间的连接)	器件内的版图

仔细比较前面的可编程器件应用系统的设计步骤部分和表4-1，可以看出设计步骤从时间顺序的角度论述了可编程逻辑器件的设计，而表4-1从设计的层次与方法的角度论述了可编程逻辑器件的设计，这两种论述有着相同的实质。设计的5个层次分别代表了设计的不同阶段，在每个层次中又可在3个不同的领域进行描述。

1. 系统层

系统层描述主要是针对整个电子系统性能的描述，是系统最高层次的抽象描述。这个层次的主要目的：首先是给出系统明确的功能(行为领域)，其次是将较大、较复杂且难以直接实现的系统分为相对较小、较简单、相对容易的模块，并确定模块之间的连接关系(结构领域)，最终给出系统的模块之间的物理连接和总体输入/输出接口的物理定义(物理领域)。系统层即使能用 VHDL 语言进行描述，一般也不能进行综合。所以，这个层次一般不使用 VHDL 语言。

2. 算法层

算法层描述是在系统级性能分析和结构划分之后，对每个模块功能实现的算法进行描述，这一层次又称为行为层或功能层。这个层次的行为领域描述模块的功能；结构领域描述组成模块的逻辑功能块，并确定各功能块之间的连接关系；物理领域描述模块中各功能块之间的物理连接和模块输入/输出接口的物理定义。在可编程器件内部模块设计中这一层的描述手段可为硬件描述语言，这个层次的 VHDL 语言程序一般会很简练，但不一定能够被综合，在不能综合时，需要到寄存器传输层进行描述。

3. 寄存器传输层

算法层所描述的功能、行为，最终要以数字电路来实现，而数字电路从本质上可以看作是由寄存器与组合逻辑两种类型的电路组成的。寄存器负责信号的存储，组合逻辑负责信号的传输。寄存器传输层描述就是从信号存储、传输的角度去描述整个系统的，这一层的描述手段多为硬件描述语言。

4. 逻辑层

寄存器传输层中的寄存器和组合逻辑都是通过各种基本的逻辑门实现的，例如反相器、与非门、或非门等。逻辑层描述就是从各种逻辑门的组合、连接的角度去描述整个系统，这一层仍可采用硬件描述语言作为描述手段，但对于同样的设计，这个层次的描述最为繁杂。

5. 电路层

逻辑层中的逻辑门是由晶体管电路构成的。例如，在 CMOS 电路中，一个反相器是由一个 PMOS 晶体管和一个 NMOS 晶体管构成的；一个最基本的与非/或非门是由两个 PMOS 晶体管和两个 NMOS 晶体管构成的。电路层描述就是从晶体管的组合、连接的角度来描述整个系统的。从逻辑层到电路层的实现是由可编程器件的设计制造商完成的，硬件描述语言不能发挥作用。

应用系统的设计分为不同的层次，通常系统层的设计是明确系统的整体性能、系统的组成模块、模块之间的相互连接，实质是确定系统的设计方案，并不进行具体模块的设计。这个层次的设计，即使可以用 VHDL 语言对系统的性能进行功能描述，通常也不能直接进行综合，不能直接进行综合意味着不能直接用可编程器件实现，所以 VHDL 语言中结构体的描述不在这个层次进行。

可编程器件中基本门电路、触发器是由场效应管或三极管等器件构成的，是由可编程器件的设计师确定的，在器件生产制造完成后是不能改变的，即电路层的设计是确定的，是根据逻辑层的设计自动对应的，VHDL 语言在这个层次也不能作为。

从以上各层的介绍中可见，可编程器件内部模块的设计可在算法层、寄存器传输层及逻辑层进行，其中算法层的 VHDL 语言程序简单，但不一定能综合；寄存器传输层的 VHDL 语言程序复杂程度适中，也能够被综合；逻辑层的 VHDL 语言繁杂。所以大多数 VHDL 语言的设计程序是在寄存器传输层进行的。无论在哪一层进行设计，最终要到电路层实现，而这个过程是由开发软件中的综合器完成的。

任务 4.3　实用应用系统设计

本任务将给出 3 个基于 FPGA 的数字系统设计实例，这些实例既可以作为电子设计竞赛练习项目，课程设计的选题，也可作为课外科技活动的练习内容。这些项目都有一定的综合性，除了需要用到 EDA 技术外，还必须熟悉数字电路的相关知识，串行通信方法等。

技能训练 4.1

多功能数字钟的设计

1. 设计要求

数字钟是一种用数字电路技术实现时、分、秒计时的装置，与机械式时钟相比具有更高的准确性和直观性，且无机械装置，具有更长的使用寿命，已得到广泛的使用。

设计指标：

(1) 时间以 24h 为一个周期。
(2) 显示时、分、秒。
(3) 有校时功能，可以分别对时及分进行单独校时，使其校正到标准时间。
(4) 计时过程具有报时功能，当时间到达整点前 5s 进行蜂鸣报时。
(5) 为了保证计时的稳定及准确须由晶体振荡器提供表针时间基准信号。

2. 任务分析

1) 系统功能定义

(1) 系统实现每日 24h 的时钟，用数码管显示时、分、秒。
(2) 实现时间的调整。
(3) 实现整点报时功能。
(4) 由可编程器件及外围电路实现，尽量使用 FPGA 的片内资源。

2) 方案的确定与模块划分，系统资源的分配

(1) 数字钟的时钟源采用有源晶振电路，由 100MHz 的有源晶振及相关电路组成，放在可编程器件外实现。
(2) 数字钟时、分、秒的显示由 6 个数码管实现，数码管只能放在可编程逻辑器件外。
(3) 显示所需的译码电路由可编程逻辑器件实现，译码电路的输出与数码管的输入之间可采用图 4.2 所示的独立连接的形式，但使用这种方式时仅译码输出的段码要占用可编程逻辑器件 8×6=48 个引脚，占用过多的可编程逻辑器件的资源，增加了硬件部分设计的难度，所以在使用多个数码管时通常会采用图 4.3 所示的扫描译码形式，即让 6 个数码管

轮流显示,但在同一个时刻6个数码管中只有1个有显示,但由于轮换的速度足够快,给人们的感觉好像是6个数码管同时在显示。如在18时06分32秒时:图中的控制器将输入的控制时钟分为每6个时钟一个周期,在第1个时钟时,控制选择器选择第1路的输入(即秒个位,这时为2)作为显示译码器的输入信号,显示译码器输出为与2相应的段码,同时控制器还控制led1~led6的com端中只有led1有效,使led1显示2,而led2~led6均无显示;在第2个时钟时,控制选择器选择第2路的输入(即秒十位,这时为3)作为显示译码器的输入信号,显示译码器输出为与3相应的段码,同时控制器还控制led1~led6的com端中只有led2有效,使led2显示3,而led1、led3~led6均无显示;……如此周而复始,使得led6显示1、led5显示8、led4显示0、led3显示6、led2显示3、led1显示2,虽然不在同一时刻,但当扫描速度足够快时看起来就是同时在显示。使用这种方式时,数码管显示控制只需占用8+6个(段码数+数码管数)可编程器件的引脚。

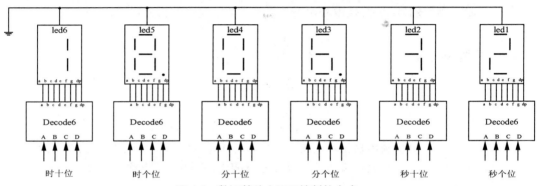

图4.2 数码管独立译码控制的方式

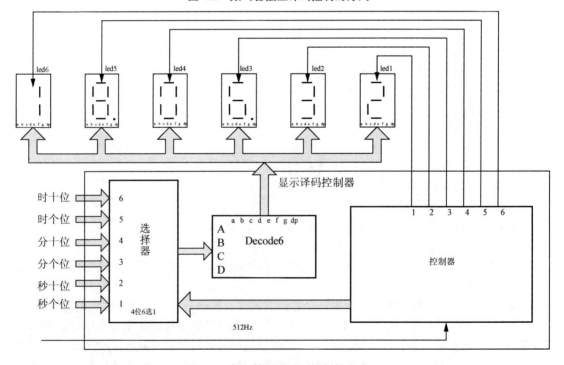

图4.3 数码管扫描译码控制的方式

(4) 数码管的显示电流通常在 10～20mA 之间，而可编程逻辑器件的输出电流与普通门电路相仿，输出电流是毫安级的，且 com 端中的电流是数码管的段电流之和，所以在可编程逻辑器件的输出与数码管之间一般要加驱动电路来增加负载能力，通常可用 2 片 8 路总线驱动器 74LS245，另外为了保证电路长期有效地工作，在数码管各段的输入端各加 1 个 100Ω 的电阻。

(5) 时间调整由校时、校分、清秒 3 个按键操作，按键的消抖动在可编程器件内部实现。

(6) 准点报时由蜂鸣器实现，蜂鸣器的控制在可编程器件内部实现，蜂鸣器的控制同样通过驱动器提高负载能力。

(7) 分频器在可编程逻辑器件内部实现，由外部振荡器产生的 100MHz 的时钟信号分频产生计时所需的 1Hz 信号、报时所需的 2000Hz 信号、1000Hz 信号、显示扫描控制所需的时钟信号(暂定为 500Hz，如调试时不适合再做调整)，消抖动所需的时钟信号(暂定为 500Hz，如调试时不合适再做调整)。

(8) 时钟的计秒、计分、计时模块，在可编程逻辑器件的内部实现，除此以外，可编程逻辑器件内部还有按键滑抖动模块、报时控制模块、显示译码模块。

综合上述模块的划分和定义，可画出系统的方框图如图 4.4 所示。

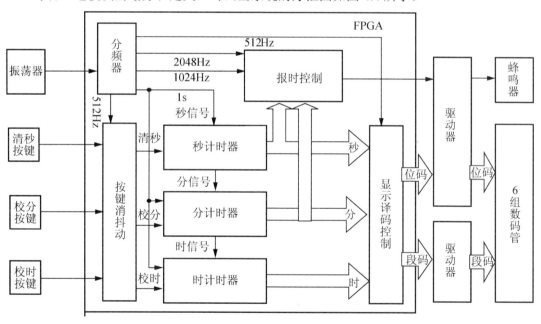

图 4.4 数字钟系统方案图

3) 选择系统中使用的器件

选择器件首先要保证能满足系统功能的要求，同时尽量选择常用的普通器件，因为常用芯片的供货渠道畅通，价格通常也便宜。

数字钟的输出部分数码管选用普通的共阳极数码管；驱动器采用 2 块 74LS245 实现；输入部分的晶体振荡器采用 100MHz 的钟晶；校时所用的 3 个按键由普通的双刀双掷按键实现。数字钟内部的时计数器、分计数器、秒计数器至少需要 20 个触发器，分频器至少需要 14 个触发器，另外按键消抖动也要用约 10 个触发器，选用 XC6SLX16-CSG324 的可编程逻辑器件应能满足要求。

3. 可编程器件内部设计仿真

在系统方案确定后,可编程器件内部的模块及模块之间的接口也就确定了,在进行可编程器件内部设计时,首先要进行各个模块的设计。由于系统的方框图中模块划分的较细,每个模块的功能、接口都比较简单。模块的实现可用图形方式,也可用 VHDL 语言形式,一般而言,如果系统的用户库中没有和模块要求完全一致的宏功能模块时,用 VHDL 语言设计模块会更加简单。数字钟可编程器件内部的模块设计主要有以下项目。

1) 分频器的设计

分频器使用任意分频比计数器实现非常方便,数字钟内的分频器的输入信号是目标板上的振荡器产生的 100MHz 的时钟信号,分频器需要提供 2 000Hz、1 000Hz 给整点报时控制模块供蜂鸣器报时,提供 500Hz 信号供显示译码模块实现数码管的轮流显示,另外该信号还供给按键消抖动模块作为消抖动所需的时延控制基准信号,提供 1Hz 的信号供秒计数器进行计时,对应计数器输出端的 clk_2k、clk_1k、clk_500、clk_1。分频器的 VHDL 语言程序如下。

```vhdl
LIBRARY IEEE;
USE IEEE.STD_LOGIC_1164.ALL;
USE IEEE.STD_LOGIC_UNSIGNED.ALL;

ENTITY clkdiv IS
    PORT (clk : IN STD_LOGIC;
          clr : IN STD_LOGIC;
          clk_2k : OUT STD_LOGIC;
          clk_1k : OUT STD_LOGIC;
          clk_500 : OUT STD_LOGIC;
          clk_1 : OUT STD_LOGIC);
END clkdiv;

ARCHITECTURE Behavioral OF clkdiv IS
    CONSTANT cntdiv1 : STD_LOGIC_VECTOR(15 DOWNTO 0) := "1100001101001111"; --2000
    CONSTANT cntdiv2 : STD_LOGIC_VECTOR(8 DOWNTO 0) := "111110011";  --1Hz
    SIGNAL cntval1 : STD_LOGIC_VECTOR (15 DOWNTO 0);
    SIGNAL cntval2 : STD_LOGIC_VECTOR (8 DOWNTO 0);
    SIGNAL tmp1,tmp2,tmp3,tmp4 : STD_LOGIC;
BEGIN
    PROCESS (clk, clr) --100MHz 分频至 2kHz
    BEGIN
        IF clr = '1' THEN
            cntval1 <= (others=>'0');
        ELSIF (clk'event AND clk='1') THEN
            IF (cntval1 = cntdiv1) THEN
                cntval1 <= (others=>'0');
            ELSE
                cntval1 <= cntval1 + 1;
```

```vhdl
            END IF;
        END IF;
        tmp1<=cntval1(15);
END PROCESS;

    PROCESS (tmp1)  --2kHz 分频至 1kHz
        BEGIN
        IF (tmp1'event AND tmp1 = '1') THEN
            tmp2<= NOT tmp2;
        END IF;
END PROCESS;

    PROCESS (tmp2)  --1kHz 分频至 500Hz
        BEGIN
        IF (tmp2'event AND tmp2='1') THEN
            tmp3<= NOT tmp3;
        END IF;
END PROCESS;

PROCESS (tmp3)  --500Hz 分频至 1Hz
    BEGIN
    IF (tmp3'event AND tmp3='1') THEN
        IF (cntval2 = cntdiv2) THEN
            cntval2 <= (others=>'0');
        ELSE
            cntval2 <= cntval2 + 1;
        END IF;
    END IF;
END PROCESS;
    clk_2k<=tmp1;
    clk_1k<=tmp2;
    clk_500<=tmp3;
    clk_1<=cntval2(8);

END Behavioral;
```

2) 秒计数器的设计

秒计数器应该是 1 个六十进制的计数器，计数器的时钟为分频器提供的 1Hz 信号，为了便于实现显示，计数器的输出应为 2 组 8421BCD 码分别表示秒的个位值与秒的十位值。同时秒计数器还要提供每 60s 一个的进位信号供分计数器使用，由于框图中采用了异步的进位的方式，而时、分、秒计数器采用上升沿计数的形式，所以进位信号的上升沿应该出现在秒值从 59 变化为 0 的时刻。为了方便准点对时，秒计数器应可由外部按键进行清 0。秒计数器的程序如下。

```vhdl
LIBRARY IEEE;
USE ieee.std_logic_1164.ALL;
```

```vhdl
USE ieee.std_logic_unsigned.ALL;
ENTITY cdu60s IS
PORT ( clk,clr :IN std_logic;
       co : OUT std_logic;
       m :OUT std_logic_vector (7 DOWNTO 0));
END cdu60s ;
ARCHITECTURE aa OF cdu60s IS
 SIGNAL out1,out10 :std_logic_vector (3 DOWNTO 0);
BEGIN
PROCESS(clk)
BEGIN
    IF clr='0' THEN out1<="0000"; out10<="0000";    --计数器清 0
    ELSIF clk'event AND clk='1' THEN                --时钟的上升沿
        IF (out1="1001") THEN                       --个位为 9
            out1<="0000";                           --个位清 0
            IF (out10="0101") THEN                  --计数值为 59
                out10<="0000";                      --十位清 0
                co<='1';                            --给"1"电平的进位信号
            ELSE
                out10<=out10+1;                     --个位为 9 十位不为 5 时
                co<='0';                            --不给出进位信号
            END IF;
        ELSE                                        --个位不为 9 时
            out1<=out1+1;                           --个位加 1
            co<='0';                                --不给进位信号
        END IF;
    END IF;
    m<=out10 & out1;                                --将十位与个位值连接后输出
END PROCESS;
END aa;
```

3) 分计数器的设计

分计数器也是 1 个 60 进制的计数器，计数器的时钟为秒计数器提供的进位信号(每分钟一次)，为了便于实现显示，计数器的输出应为 2 组 8421BCD 码分别表示分的个位值与分的十位值。同时，分计数器还要提供每 60min 一个的进位信号供时计数器使用，由于框图中采用了异步的进位的方式，而时、分、秒计数器采用上升沿计数的形式，所以进位信号的上升沿应该出现在分值从 59 变化为 0 的时刻。为了方便时间校对，分计数器可由经消抖动后的外部按键信号进行时钟切换，正常计数时使用秒计数器的进位信号作为时钟，调整时间时用分频器的 1s 信号作为时钟。分计数器的程序如下。

```vhdl
LIBRARY IEEE;
USE ieee.std_logic_1164.ALL;
USE ieee.std_logic_unsigned.ALL;
ENTITY cdu60 IS
PORT ( clk1,clk2,ss :IN std_logic;
       co : OUT std_logic;
```

```vhdl
        m :OUT std_logic_vector (7 DOWNTO 0));
END cdu60 ;
ARCHITECTURE aa OF cdu60 IS
 SIGNAL out1,out10 :std_logic_vector (3 DOWNTO 0);
 SIGNAL clk:std_logic;
BEGIN
clk<=clk1 WHEN ss='1' ELSE clk2;
PROCESS(clk)
BEGIN
    IF clk' event AND clk='1' THEN
        IF (out1="1001") THEN
            out1<="0000";
            IF out10="0101"   THEN
                out10<="0000";
                IF ss='1' THEN
                    co<='1';
                ELSE
                    co<='0';
                END IF;
            ELSE
                out10<=out10+1;
                co<='0';
            END IF;
        ELSE
            out1<=out1+1;
            co<='0';
        END IF;
    END IF;
m<=out10 & out1;
END PROCESS;
END aa;
```

4) 时计数器的设计

时计数器的设计与分计数器基本相同，不同的是为二十四进制。具体实现的程序如下。

```vhdl
LIBRARY IEEE;
USE ieee.std_logic_1164.ALL;
USE ieee.std_logic_unsigned.ALL;
ENTITY cdu24 IS
PORT ( clk1,clk2,ss :IN std_logic;
     co : OUT std_logic;
     m :OUT std_logic_vector (7 DOWNTO 0));
END cdu24 ;
ARCHITECTURE aa OF cdu24 IS
 SIGNAL out1,out10 :std_logic_vector (3 DOWNTO 0);
 SIGNAL clk:std_logic;
BEGIN
```

```
clk<=clk1 WHEN ss='1' ELSE clk2;
PROCESS(clk)
BEGIN
    IF clk'event AND clk='1' THEN
        IF (out1="1001") THEN
            out1<="0000";
            IF out10="0010" AND out1="0011"   THEN
                out10<="0000";
                out1<="0000";
                IF ss='1' THEN
                    co<='1';
                ELSE
                    co<='0';
                END IF;
            ELSE
                out10<=out10+1;
                co<='0';
            END IF;
        ELSE
            out1<=out1+1;
            co<='0';
        END IF;
    END IF;
    m<=out10 & out1;
    END PROCESS;
END aa;
```

5) 显示译码控制器的设计

显示译码控制器的输入均为 8421BCD 码,分别是秒计数器的输出秒十位、秒个位;分计数器的输出分十位、分个位;时计数器的输出时十位、时个位;还有一个分频器输出的 500Hz 的时钟信号作为扫描的时钟,显示译码控制器的输出为 8 位段码信号及 6 位的数码管选择信号。其工作过程与图 4.3 的说明完全一致,具体实现的程序如下。

```
LIBRARY IEEE;
USE IEEE.STD_LOGIC_1164.ALL;
USE IEEE.STD_LOGIC_ARITH.ALL;
ENTITY leddrv IS
PORT(
  ms10      :IN  STD_LOGIC_VECTOR(7 DOWNTO 0);
  sec       :IN  STD_LOGIC_VECTOR(7 DOWNTO 0);
  min       :IN  STD_LOGIC_VECTOR(7 DOWNTO 0);
  clk       :IN  STD_LOGIC;
  Lseg      :OUT STD_LOGIC_VECTOR(7 DOWNTO 0);
  Lcs       :OUT STD_LOGIC_VECTOR(5 DOWNTO 0)
);
END leddrv;
```

```vhdl
ARCHITECTURE behave OF leddrv IS
SIGNAL v:STD_LOGIC_VECTOR(3 DOWNTO 0);   --各时刻要显示的实际数值
SIGNAL n:INTEGER RANGE 0 TO 5;
BEGIN
PROCESS(n)                              --控制与选择
BEGIN
    IF n=0     THEN v<=ms10(3 DOWNTO 0); Lcs<=  "000001"; --选择秒个位/LED1
    ELSIF n=1  THEN v<=ms10(7 DOWNTO 4); Lcs<=  "000010"; --选择秒十位/LED2
    ELSIF n=2  THEN v<=sec(3 DOWNTO 0);  Lcs<=  "000100"; --选择分个位/LED3
    ELSIF n=3  THEN v<=sec(7 DOWNTO 4);  Lcs<=  "001000"; --选择分十位/LED4
    ELSIF n=4  THEN v<=min(3 DOWNTO 0);  Lcs<=  "010000"; --选择时个位/LED4
    ELSIF n=5  THEN v<=min(7 DOWNTO 4);  Lcs<=  "100000"; --选择时十位/LED5
    END IF;
END PROCESS;

PROCESS(v)                              --译码
BEGIN
    IF v="0000" THEN Lseg<="00000011";      --0
    ELSIF v="0001" THEN Lseg<="10011111";   --1
    ELSIF v="0010" THEN Lseg<="00100101";   --2
    ELSIF v="0011" THEN Lseg<="00001101";   --3
    ELSIF v="0100" THEN Lseg<="10011001";   --4
    ELSIF v="0101" THEN Lseg<="01001001";   --5
    ELSIF v="0110" THEN Lseg<="01000001";   --6
    ELSIF v="0111" THEN Lseg<="00011111";   --7
    ELSIF v="1000" THEN Lseg<="00000001";   --8
    ELSIF v="1001" THEN Lseg<="00001001";   --9
    ELSE Lseg<= "11111111";                 --非8421BCD码
    END IF;
END PROCESS;

PROCESS(clk)                            --扫描同期控制与顺序切换
BEGIN
    IF rising_edge(clk) THEN            --时钟上升沿后
      n<=n+1;
    END IF;
END PROCESS;
END behave;
```

6) 整点报时器的设计

在时钟接近整点时即在 59 分 50 秒开始,整点报时电路控制蜂鸣器发出"嘟、嘟、嘟……"的报时声,其中最后整点的"嘟"声频率提高。为了取得 59 分 50 秒的信息,分计数器和秒计数器的输出要送到整点报时器作为输入,另外还有分频器输出的 2 000Hz 和 1 000Hz 信号使蜂鸣器能发不出不同声调的"嘟"声。整点报时器的输出经驱动后控制蜂鸣器发声。整点报时器的程序如下。

```vhdl
LIBRARY IEEE;
USE ieee.std_logic_1164.ALL;
ENTITY control IS
PORT (
  clk_2k,clk_1k: IN std_logic;
  q1 : IN std_logic_vector(7 DOWNTO 0);
  q2 : IN std_logic_vector(7 DOWNTO 0);
  bee: OUT std_logic;
 );
END control;
ARCHITECTURE aa OF control IS
BEGIN
bee<=clk_1k WHEN q2(7 DOWNTO 0)="01011001" AND q1(7 DOWNTO 4)="0101" AND q1(0)='0' ELSE
  clk_2k WHEN q2(7 DOWNTO 0) & q1(7 DOWNTO 0)="0000000000000000" ELSE
  '1';
END aa;
```

7) 按键消抖动模块的设计

简单的按键消抖动电路可由 2 个与非门组成的 RS 锁存器实现,但这个电路只有在按键同时具有常开与常闭触点,并且这对按键均接入了可编程逻辑器件内,同时按键按下时这一组触点并不同时抖动时才能可靠去抖动,否则要采用软件消抖动的思路来实现。

一般而言,按键按下的信号为数百毫秒,而抖动发生在最初的几个毫秒,所以只要避开最初的几个毫秒,就能读到正确的按键信号,根据这个思路写出的去抖动电路程序如下。

```vhdl
LIBRARY IEEE;
USE IEEE.STD_LOGIC_1164.ALL;
USE IEEE.STD_LOGIC_ARITH.ALL;
ENTITY key IS
PORT(
 k1in,k2in,clk     :IN  STD_LOGIC;
 k1,k2             :OUT STD_LOGIC);
END key;
ARCHITECTURE behave OF key IS
--SIGNAL test1,test2:std_logoc;
SIGNAL count1,count2:integer range 0 TO 9;
BEGIN
PROCESS(clk)
BEGIN
    IF rising_edge(clk) THEN --时钟上升沿后
        IF k1in='1' THEN
            IF count1> 8 THEN
                count1<=3;
            ELSE
                count1<= count1+1;
            END IF;
```

```
        ELSE
            count1<=0;
        END IF;
        IF k2in='1' THEN
            IF count2> 8 THEN
                count2<=3;
            ELSE
                count2<= count2+1;
            END IF;
        ELSE
            count2<=0;
        END IF;
    END IF;
END PROCESS;
    k1<=k1in WHEN count1>=3 ELSE '0';
    k2<=k2in WHEN count2>=3 ELSE '0';
END behave;
```

在所有的模块编译仿真验证完成后,生成相应的模块符号,并在图形方式下调用这些符号,根据图 4.4 所示的框图完成模块间的连接,组成图 4.5 所示的数字钟 CPLD 内部的设计图,图中下面几排的输入按键在目标板的设计时连接到了可编程逻辑器件上,而在数字钟中又没有使用,为了保证系统正常可靠地工作这样的输入按键必须在设计图中保留。

当然,内部设计完成后,要进行编译仿真,要指定所用的芯片型号、指定所用的引脚、编译、下载。

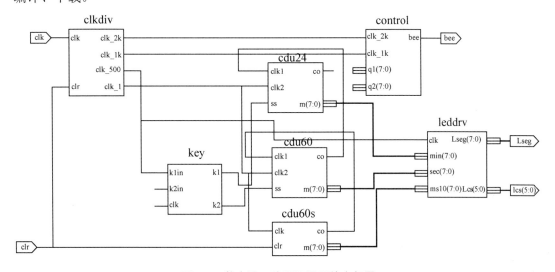

图 4.5　数字钟可编程逻辑器件内部图

4. 可编程逻辑器件应用系统的联调

如果设计中没有错误,那么程序下载之后,LED1 即秒的个位应该每秒种加 1,在 59s 之后的下一个状态会为 0,同时 LED2 即秒的十位会加 1,……,从 LED1~LED6 呈现一个每日 24h 的时钟的特性。在时钟为 59 分 50 秒时,蜂鸣器会发出嘟、嘟、嘟……的整点报时信号，另外可用目标板上的按键调整时钟的分钟指示和时钟的小时显示，用按键对秒的显示进行清 0。

在实际进行系统调试之前，首先要保证目标板已经下载过数字钟的程序，如果不能确信目标板上已经下载过数字钟的程序，就先对目标板进行编程；其次要保证目标板上已经加载了合适的电源电压(+5V)；然后再进行数字钟的调试。如果数字钟不能正常工作，可按以下的步骤与思路判断故障的位置，通过修改设计排除故障。由于使用了可编程逻辑器件，设计的修改尽量在可编程逻辑器件内部进行，这样只要修改内部设计，重新编译下载，即可完成修改，而无需对目标板进行重新设计。

5. 系统故障分析

(1) 数码管是否有显示。

如果没有显示可查看以下几处：

① 数码管是否损坏。

② 查看数码管的极性是否与显示驱动控制器一致，在显示译码控制器的程序中，数码管的段码"0"有效，数码管选择"1"有效，是针对共阳极数码管而写的，如果不一致，应对程序进行修改。

(2) 数码管的显示中是否有乱码。

如果显示有乱码，可查看以下几处：

① 数码管是否有损坏的段。

② 段码的高低位对应是否正确。

③ 段码的引脚锁定是否正确。

(3) 秒个位是否每秒变化一次。

如果秒的个位不能每秒变化一次，可查以下几点：

① 目标板振荡器的输出频率是否为 32 768Hz？

② 6 个数码管能否有不同的显示？(据此判断分频器的工作是否正常)

③ 秒计数器的设计是否正确？

(4) 分个位是否每分变化一次。

方法步骤同秒计数器。

(5) 时个位是否每小时变化一次？时计数器是否为二十四进制？

方法步骤同秒计数器。

(6) 整点报时是否正常？

① 蜂鸣器总在叫，目标板上的接法，控制信号为"0"时，蜂鸣器发声。

② 不能整点报时，蜂鸣器是否被损坏？

③ 整点报时模块设计是否有问题？59 分 50 秒时，蜂鸣器的控制端是否出现控制信号？

(7) 时钟调整是否正常？

① 完全不能调整，按键动作时，可编程逻辑器件相应的输入端是否有变化？

② 调整不正常，消抖动电路设计是否有问题？

技能训练 4.2

基于 I²C 接口的温度采集系统

1. 设计要求

利用 FPGA 实现 I²C 接口电路，并驱动 LM75A 温度传感器读取当前温度信息。

2. 任务分析

1) I²C 串行总线概述

I²C(Inter-Integrated Circuit)总线是由 Philips 公司开发的两线式串行总线，用于连接微控制器及其外围设备，是微电子通信控制领域广泛采用的一种总线标准。它是同步通信的一种特殊形式，具有接口线少，控制方式简单，器件封装形式小，通信速率较高等优点。其特征表现在以下几个方面。

(1) 只要求两条总线线路：一条串行数据线 SDA，一条串行时钟线 SCL。

(2) 每个连接到总线的器件都可以通过唯一的地址和一直存在的简单的主机/从机关系软件设定地址，主机可以作为主机发送器或主机接收器。

(3) 它是一个真正的多主机总线，如果两个或更多主机同时初始化，数据传输可以通过冲突检测和仲裁防止数据被破坏。

(4) 串行的 8 位双向数据传输位速率在标准模式下可达 100Kbit/s，快速模式下可达 400Kbit/s，高速模式下可达 3.4Mbit/s。

(5) 连接到相同总线的 IC 数量只受到总线的最大电容 400pF 限制。

2) I²C 的数据传输

(1) 数据位的有效性规定：在传输数据的时候，SDA 线必须在时钟的高电平周期保持稳定，SDA 的高或低电平状态只有在 SCL 线的时钟信号是低电平时才能改变，如图 4.6 所示。

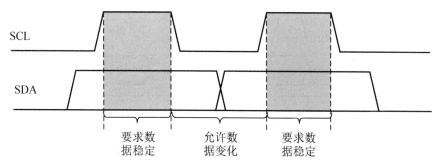

图 4.6 数据位的有效性

(2) 起始和终止信号：SCL 线为高电平期间，SDA 线由高电平向低电平的变化表示起始信号；SCL 线为高电平期间，SDA 线由低电平向高电平的变化表示终止信号。起始和终止信号都是由主机发出，在起始信号产生后，总线就处于被占用的状态；在终止信号产生后，总线就处于空闲状态。连接到 I²C 总线上的器件，若具有 I²C 总线的硬件接口，则很容易检测到起始和终止信号，如图 4.7 所示。

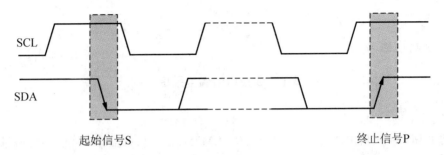

图 4.7 起始和终止信号

(3) 字节格式：发送到 SDA 线上的每个字节必须为 8 位，每次传输可以发送的字节数量不受限制。每个字节后必须跟一个响应位。首先传输的是数据的最高位(MSB)，从机要完成一些其他功能后(例如一个内部中断服务程序)才能接收或发送下一个完整的数据字节，可以使时钟线 SCL 保持低电平，迫使主机进入等待状态，当从机准备好接收下一个数据字节并释放时钟线 SCL 后数据传输继续。

(4) 应答响应：每一个字节必须保证是 8 位长度。数据传输时，每一个被传送的字节后面都必须跟随一位应答响应位(即一帧共有 9 位)。

在响应的时钟脉冲期间，接收器必须将 SDA 线拉低，使它在这个时钟脉冲的高电平期间保持稳定的低电平。由于某种原因从机不能响应从机地址时(例如它正在执行一些实时函数不能接收或发送)，从机必须使数据线保持高电平，主机然后产生一个停止条件终止传输或者产生重复起始条件开始新的传输。如果从机接收器响应了从机地址，但是在传输了一段时间后不能接收更多数据字节，主机必须再一次终止传输。这个情况用从机在第一个字节后没有产生响应来表示。从机使数据线保持高电平，主机产生一个停止或重复起始条件。如果传输中有主机接收器，它必须通过在从机不产生时钟的最后一个字节产生一个响应，向从机发送器通知数据结束。从机发送器必须释放数据线，允许主机产生一个停止或重复起始条件，如图 4.8 所示。

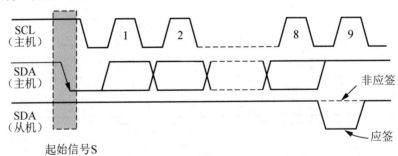

图 4.8 应答响应

(5) 数据帧格式：第一个字节的头 7 位组成了从机地址，最低位(LSB)是第 8 位，它决定了传输的方向。第一个字节的最低位是"0"，表示主机会写信息到被选中的从机；"1"表示主机会向从机读信息。当发送了一个地址后，系统中的每个器件都在起始条件后将头 7 位与它自己的地址比较，如果一样，器件会判定它被主机寻址，至于是从机接收器还是从机发送器，都由 R/W 位决定，ACK 为应答响应位，如图 4.9 所示。

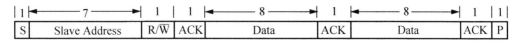

图4.9 数据帧格式

3) LM75A 温度传感器简介

(1) LM75A 是一个高速 I^2C 接口的温度传感器,可以在-55~+125℃的温度范围内将温度直接转换为数字信号,并可实现0.125℃的精度。MCU 可以通过 I^2C 总线直接读取其内部寄存器中的数据,并可通过 I^2C 对 4 个数据寄存器进行操作,以设置成不同的工作模式。LM75A 有 3 个可选的逻辑地址引脚,使得同一总线上可同时连接 8 个器件而不发生地址冲突。LM75A 结构图如图 4.10 所示。

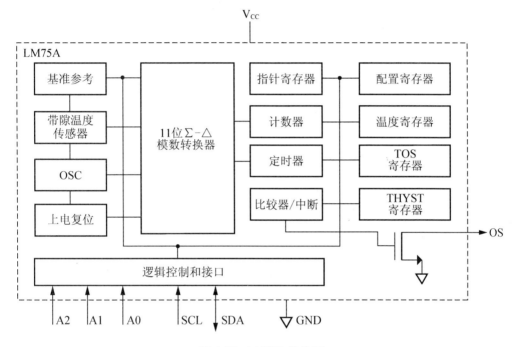

图 4.10 LM75A 结构图

(2) LM75A 引脚描述:LM75A 的引脚描述如图 4.11 所示。

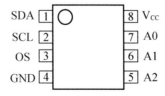

图 4.11 LM75A 引脚描述

SDA:I^2C 串行双向数据线,开漏口。
SCL:I^2C 串行时钟输入,开漏口。
OS:过热关断输出,开漏输出。
GND:地,连接到系统地。

A2：用户定义的地址位 2。
A1：用户定义的地址位 1。
A0：用户定义的地址位 0。
V_{CC}：电源。

(3) LM75A 接口：在主控器的控制下，LM75A 可以通过 SCL 和 SDA 作为从器件连接到 I²C 总线上。主控器必须提供 SCL 时钟信号，可以通过 SDA 读出器件数据或将数据写入到器件中。注意：必须在 SCL 和 SDA 端分别连接一个外部上拉电阻，阻值大约为 10kΩ。LM75A 从地址(7 位地址)的低 3 位可由地址引脚 A2、A1 和 A0 的逻辑电平来决定。地址的高 4 位预先设置为 "1001"。同一总线上可连接 8 个器件而不会产生地址冲突。由于输入引脚 SCL、SDA、A2～A0 内部无偏置，因此在任何应用中它们都不能悬空(这一点很重要)。

3. 可编程器件内部设计仿真

```vhdl
LIBRARY IEEE;
USE IEEE.STD_LOGIC_1164.ALL;
USE IEEE.STD_LOGIC_ARITH.ALL;
USE IEEE.STD_LOGIC_UNSIGNED.ALL;
ENTITY lm75 IS
    PORT ( sysclk,reset : IN std_logic;
           sda,scl : inout std_logic;
    sel : OUT std_logic_vector(7 DOWNTO 0);
    seg_data:OUT std_logic_vector(7 DOWNTO 0));
END lm75;

ARCHITECTURE Behavioral OF lm75 IS
type state IS (prepare,start,transmit_slave_address,check_ack1,transmit_sub_address,check_ack2,start2,transmit_slave_address2,check_ack7,read_data_1,check_ack8,read_data_2,stop);              --定义状态机的各子状态
    SIGNAL current_state:state;                   --定义信号
    SIGNAL clock,shift_clk:std_logic;
    SIGNAL code_led : std_logic_vector(3 DOWNTO 0);
    SIGNAL reg_led_1, reg_led_2: std_logic_vector(8 DOWNTO 1);
BEGIN

pulse:PROCESS(sysclk,reset)           --进程1，分频得到 f 为 4khz 的时钟信号
VARIABLE count:integer range 0 TO 12500;
BEGIN
    IF reset='0' THEN count:=0;
    ELSIF rising_edge(sysclk) THEN
        count:=count+1;
      IF count=6500 THEN clock<='1';
    ELSIF count=12500 THEN clock<='0';count:=0;    --frequency:4kHz
     END IF;
    END IF;
```

```vhdl
END PROCESS pulse;

statemachine:PROCESS(sysclk,reset)          --进程2，状态机的转换
  VARIABLE  slave_address1,sub_address1,data1,slave_address2,sub_address2:
std_logic_vector(8 DOWNTO 1);
  VARIABLE cnt:std_logic_vector(6 DOWNTO 0);
  VARIABLE cnt1:integer range 0 TO 8;
  VARIABLE count1:integer range 0 TO 40;

BEGIN
IF reset='0' THEN
count1:=0;
cnt:="0000000";
cnt1:=8;
sda<='1';
scl<='1';
slave_address1:="10010000";
slave_address2:="10010001";
sub_address1:="00000000";
current_state<=prepare;
data1:="00000000";
reg_led_1<="11111111";
reg_led_2<="11111111";

ELSIF rising_edge(clock) THEN

CASE current_state IS
  WHEN prepare=>cnt:=cnt+1;            --准备状态，等各个器件复位
      IF cnt="0000010" THEN
      cnt:="0000000";
      current_state<=start;
      ELSE current_state<=prepare;
   END IF;

  WHEN start=>count1:=count1+1;       --起始信号产生状态
      CASE count1 IS
      WHEN 1=>sda<='1';
      WHEN 2=>scl<='1';
      WHEN 3=>sda<='0';
      WHEN 4=>scl<='0';
      WHEN 5=>count1:=0;current_state<=transmit_slave_address;
      WHEN others=>null;
      END CASE;

  WHEN transmit_slave_address=>count1:=count1+1;  --发送器件从地址
      CASE count1 IS
```

```vhdl
            WHEN 1=>sda<=slave_address1(cnt1);--FROM 8 TO 1 slave_address1:=
"10100010";
            WHEN 2=>scl<='1';
            WHEN 3=>scl<='0';
            WHEN 4=>cnt1:=cnt1-1;count1:=0;
            IF cnt1=0 THEN cnt1:=8;
            current_state<=check_ack1;
            ELSE current_state<=transmit_slave_address;
            END IF;
            WHEN others=>null;
            END CASE;

   WHEN check_ack1=>count1:=count1+1;           --查询应答信号
            CASE count1 IS
            WHEN 1=>sda<='0';
            WHEN 2=>scl<='1';
            WHEN 3=>scl<='0';
            WHEN 4=>current_state<=transmit_sub_address;
            count1:=0;
            WHEN others=>null;
            END CASE;

   WHEN transmit_sub_address=>count1:=count1+1; reg_led_1<="11111110";
                                            --发送器件子地址
            CASE count1 IS
            WHEN 1=>sda<=sub_address1(cnt1); --FROM 8Bit TO 1Bit sub_address1:=
                                        --"00000000";;
            WHEN 2=>scl<='1';
            WHEN 3=>scl<='0';
            WHEN 4=>cnt1:=cnt1-1;count1:=0;
            IF cnt1=0 THEN cnt1:=8;
            current_state<=check_ack2;
            ELSE current_state<=transmit_sub_address;
            END IF;
            WHEN others=>null;
            END CASE;

   WHEN check_ack2=>count1:=count1+1;           --查询应答信号
            CASE count1 IS
            WHEN 1=>sda<='0';
            WHEN 2=>scl<='1';
            WHEN 3=>scl<='0';
            WHEN 4=>current_state<=start2;count1:=0;
            WHEN others=>null;
            END CASE;
```

```vhdl
       WHEN start2=>count1:=count1+1;            --重新起始信号产生状态
           CASE count1 IS
           WHEN 1=>sda<='1';
           WHEN 3=>scl<='1';
           WHEN 6=>sda<='0';
           WHEN 8=>scl<='0';
           WHEN 10=>count1:=0;current_state<=transmit_slave_address2;
           WHEN others=>null;
           END CASE;

       WHEN transmit_slave_address2=>count1:=count1+1;  --发送器件从地址
           CASE count1 IS
           WHEN 1=>sda<=slave_address2(cnt1);
           WHEN 3=>scl<='1';
           WHEN 6=>scl<='0';
           WHEN 8=>cnt1:=cnt1-1;count1:=0;
               IF cnt1=0 THEN cnt1:=8;
               current_state<=check_ack7;
               ELSE current_state<=transmit_slave_address2;
               END IF;
           WHEN others=>null;
           END CASE;

       WHEN check_ack7=>count1:=count1+1;         --查询应答信号
           CASE count1 IS
           WHEN 3=>sda<='0';
           WHEN 6=>scl<='1';
           WHEN 8=>scl<='0';
           WHEN 10=>current_state<=read_data_1;
                   count1:=0;
           WHEN others=>null;
           END CASE;

       WHEN read_data_1=>count1:=count1+1;         --读操作
           CASE count1 IS
           WHEN 1=>sda<='Z';
           WHEN 4=>scl<='1';
           WHEN 8=>reg_led_1(cnt1)<=sda;
           WHEN 10=>scl<='0';
           WHEN 12=>cnt1:=cnt1-1;count1:=0;
               IF cnt1=0 THEN cnt1:=8;
               current_state<=check_ack8;
               count1:=0;
```

```vhdl
            ELSE current_state<=read_data_1;
            END IF;
        WHEN others=>null;
        END CASE;


    WHEN check_ack8=>count1:=count1+1;           --查询应答信号
        CASE count1 IS
        WHEN 3=>sda<='0';
        WHEN 6=>scl<='1';
        WHEN 8=>scl<='0';
        WHEN 10=>current_state<=read_data_2;
                count1:=0;
        WHEN others=>null;
        END CASE;


    WHEN read_data_2=>count1:=count1+1;          --读操作
        CASE count1 IS
        WHEN 1=>sda<='Z';
        WHEN 4=>scl<='1';
        WHEN 8=>reg_led_2(cnt1)<=sda;
        WHEN 10=>scl<='0';
        WHEN 12=>cnt1:=cnt1-1;count1:=0;
            IF cnt1=0 THEN cnt1:=8;
            current_state<=stop;
            ELSE current_state<=read_data_2;
            END IF;
        WHEN others=>null;
        END CASE;


    WHEN stop=>count1:=count1+1;                 --产生停止信号
        CASE count1 IS
        WHEN 1=>sda<='0';
        WHEN 3=>scl<='1';
        WHEN 10=>sda<='1';
        WHEN 15=>count1:=0;current_state<=start2;
        WHEN others=>null;
        END CASE;
    WHEN others=>null;
    END CASE;
    END IF;
END PROCESS;
```

```vhdl
PROCESS(sysclk)                                    --动态扫描模块
VARIABLE cnt : integer range 0 TO 50000;
BEGIN
   IF rising_edge(sysclk) THEN cnt:=cnt+1;
      IF cnt<25000 THEN shift_clk<='1';
         ELSIF cnt<50000 THEN shift_clk<='0';
         ELSE cnt:=0;
         END IF;
   END IF;
END PROCESS;

PROCESS(shift_clk)
VARIABLE cnt : integer range 0 TO 3;
BEGIN
   IF rising_edge(shift_clk) THEN
       cnt:=cnt+1;
      IF cnt=0 THEN sel<="11111101";code_led<=reg_led_1(4 DOWNTO 1);
         ELSIF cnt=1 THEN sel<="11111110";code_led<=reg_led_1(8 DOWNTO 5);
         ELSIF cnt=2 THEN sel<="11111011";code_led<='0'&reg_led_2(8 DOWNTO 6);
         END IF;
   END IF;
END PROCESS;


WITH code_led SELECT                               --数码管译码
   seg_data <=x"c0" WHEN "0000",
       x"f9" WHEN "0001",
       x"a4" WHEN "0010",
       x"b0" WHEN "0011",
       x"99" WHEN "0100",
       x"92" WHEN "0101",
       x"82" WHEN "0110",
       x"f8" WHEN "0111",
       x"80" WHEN "1000",
       x"90" WHEN "1001",
       x"88" WHEN "1010",
       x"83" WHEN "1011",
       x"c6" WHEN "1100",
       x"a1" WHEN "1101",
       x"86" WHEN "1110",
       x"8e" WHEN "1111",
       x"00" WHEN others;

END Behavioral;
```

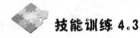

数字频率计的设计

1. 设计要求

设计一个数字频率计，要求其能测量输入脉冲的频率，并在实验平台上通过数码管指示测得的频率值。

2. 任务分析

1) 测频原理

频率计的基本原理是用一个频率稳定度高的频率源作为基准时钟，对比测量其他信号的频率。通常情况下计算每秒钟内待测信号的脉冲个数，此时我们称闸门时间为 1s。闸门时间也可以大于和小于 1s。闸门时间越长，得到的频率值就越准确，但闸门时间长时每测一次频率的间隔就越长。闸门时间越短，测得的频率值刷新就越快，但测得的频率精度会受到影响。

2) 频率计的组成结构分析

频率计的结构包括一个测频控制信号发生器、一个计数器和一个锁存器。

(1) 测频控制信号发生器。频率计设计的关键是测频控制信号发生器，用以产生测量频率的控制时序。控制时钟信号 clk 取为 1Hz，二分频后产生 0.5Hz 信号，命名为 test_en，此信号即为计数闸门信号，它是周期为 2s 的时钟，其中高电平 1s，低电平 1s。当 test_en 为高电平时，允许计数；当 test_en 由高电平变为低电平，即产生一个下降沿时，应产生一个锁存信号，将计数值保存起来。锁存数据后，还要在下次 test_en 上升沿到来之前产生清零信号 clear，将计数器清零，为下次计数作准备。

(2) 计数器。计数器以待测信号作为时钟，清零信号 clear 到来时，异步清零。test_en 为高电平时开始计数。计数以十进制数显示，本任务设计了一个简单的 10kHz 以内信号的频率计，如果需要测试较高频率的信号，则将 dout 的输出位数增加，当然锁存器的位数也要相应增加。

(3) 锁存器。当 test_en 下降沿到来时，将计数器的计数值锁存，这样可由外部的七段译码器译码并在数码管上显示。设置锁存器的好处是显示的数据稳定，不会由于周期性的清零信号而不断闪烁。锁存器的位数应跟计数器完全一样。

数字频率计外部接口如图 4.12 所示。

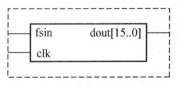

图 4.12 数字频率计外部接口

3. 可编程器件内部设计仿真

```vhdl
LIBRARY IEEE;
USE IEEE.STD_LOGIC_1164.ALL;
USE IEEE.STD_LOGIC_UNSIGNED.ALL;

    ENTITY freq IS
    PORT(   fsin:IN STD_LOGIC;                      --待测信号
            f10MHz:IN STD_LOGIC;                    --锁存后的数据，显示在数码管上
            dout:OUT STD_LOGIC_VECTOR(15 DOWNTO 0)
);
    END freq;

    ARCHITECTURE one OF freq IS
    SIGNAL test_en:STD_LOGIC;                       --测试使能
    SIGNAL clear:STD_LOGIC;                         --计数清零
    SIGNAL data:STD_LOGIC_VECTOR(15 DOWNTO 0);      --计数值5
    SIGNAL clk:STD_LOGIC;
    SIGNAL cnt:INTEGER RANGE 0 TO 5000000;
    BEGIN
      PROCESS(f10MHz)
    BEGIN
      IF f10MHz'EVENT AND f10MHz='1' THEN
        IF cnt=4999999 THEN cnt<=0;clk<=NOT clk;
            ELSE cnt<=cnt+1;
            END IF;
     END IF;
    END PROCESS;
      PROCESS(clk)
      BEGIN
        IF clk'EVENT AND clk='1' THEN test_en<=NOT test_en;
        END IF;
      END PROCESS;       --信号test_en的上升沿到来之前清零
      clear<=NOT clk AND NOT test_en;
      PROCESS(fsin,clear)
      BEGIN
        IF clear='1' THEN data<="0000000000000000";
        ELSIF fsin'event AND fsin='1' THEN
          IF data(15 DOWNTO 0)="1001100110011001" THEN
             data<="0000000000000000";
          ELSIF data(11 DOWNTO 0)="100110011001" THEN
             data<=data+"011001100111";
          ELSIF data(7 DOWNTO 0)="10011001" THEN data<=data+"01100111";
          ELSIF data(3 DOWNTO 0)="1001" THEN data<=data+"0111";
          ELSE data<=data+'1';
          END IF;
        END IF;
```

```
      END PROCESS;
      PROCESS(test_en,data)
      BEGIN
        IF test_en'event AND test_en='0' THEN dout<=data;
        END IF;
      END PROCESS;
    END one;
```

频率计的仿真波形如图 4.13 所示。本任务进行仿真设置时，将被测信号 fsin 的周期设为 810s，即被测频率为 1 235Hz。观察图 4.13，可以看到用于输出测量结果的数据端 dout 的测量值为 1 235，表明该频率计能够实现预期的频率测量功能。

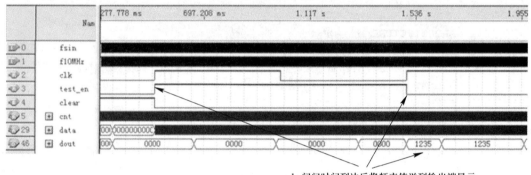

图 4.13　频率计仿真波形图

知识梳理与总结

本学习情境给出了 3 个数字系统设计综合任务，设计难度逐渐增加，让读者对数字系统设计方法有一个完整的认识和实践平台，从而提高设计能力。

附录 A

VHDL 快速参考指南

类 别	定 义	例 子
标识符	标识符可包含任意的字母、数字或下划线，且必须要以字母或下划线开头，不能以下划线或一个关键字结束。另外，大小写不敏感	q0 Prime_number lteflg
逻辑数值	'0' = 逻辑 0 '1' = 逻辑 1 'Z' = 高阻 'X' = 不确定值	
数制	\<base\>#xxx# B = 二进制(binary) X = 十六进制(hexadecimal) O = 八进制(octal)	35(默认为十进制) **16#C#** = "1100" X"3C" = B"00111100" O"234 = B"010011100"
Generic 语句	把一个值可以用 **generic map** 语句重写的值关联到一个标识名	**generic** (N: integer := 8);
generic map	把一个值赋给一个 generic 参数	**generic map** (N => 16)
信号和变量类型	**signal**(用于连接两个逻辑元件) **variable**(在 process 块中被赋值) **integer**(整数型，常用作 for 循环控制变量)	**signal** d: std_logic_vector(0 to 3); **signal** led: std_logic; **variable** q: std_logic_vector(7 downto 0); **variable** k: integer;

程序结构	**library** IEEE;
	use IEEE.STD_LOGIC_1164.**all**;
	entity \<identifier\> **is**
	    port(端口接口列表);
	end \<identifier\>;
		library IEEE;
		use IEEE.STD_LOGIC_1164.**all**;
		entity Dff **is**
		    port(
		        clk: **in** STD_LOGIC;
		        clr: **in** STD_LOGIC;
		        D: **in** STD_LOGIC;
		        q: **out** STD_LOGIC
		    );
		end Dff;

续表

类别	定义	例子

程序结构	architecture <identifier> of 实体名 is
	begin
	    process(clk, clr)
	    begin
	        {{并发语句}}
	    end <identifier>;
		architecture Dff of Dff is
		begin
		    process(clk, clr)
		    begin
		        if (clr = '1') then
		            q <= '0';
		        elsif(rising_edge(clk)) then
		            q <= D;
		        end if;
		    end process;
		end Dff;

逻辑运算符	not(非)
	and(与)
	or(或)
	nand(与非)
	nor(或非)
	xor(异或)
	xnor(同或)
		z <= not y;
		c <= a and b;
		z <= x or y;
		w <= u nand v;
		r <= s nor t;
		z <= x xor y;
		d <= a nxor b;

算术运算符	+(加) -(减) *(乘) /(除) %(取模)	count <= count + 1; q <= q − 1;
关系运算符	=, /=, >, <, >=, <=	if a <= b then if clr = '1' then
移位运算符	shl(arg, count) shr(arg, count)	c = shl(a, 3); c = shr(a, 4);

进程	[<id>] porcesss (<敏感事件列表>)
	    {{process 声明}}
	begin
	    {{顺序语句}}
	end process [<id>]
		process(a)
		    variable j: integer;
		
		    begin
		        j := conv_integer(a);
		        for i in 0 to 7 loop
		            if (i = j) then
		                y(i) <= '1';
		            else
		                y(i) <= '0';
		            end if;
		        end loop;
		
		end process;

续表

类 别	定 义	例 子

if 语句	if(表达式 1)then
	　　{{语句块 1;}}
	{{elsif (表达式 2) then
	　　{{语句块 2;}} }}
	[[else
	　　{{语句块 2;}}]]
	end if;
		if (clr = '1') then
		　　q <= '0';
		elsif (clk' event and clk = '1') then
		　　q <= D;
		end if;9

case 语句	case 表达式 is
	　　((when 分支 1 => {{顺序语句;}}))
	　　{{ …}}
	　　when others => {{顺序语句;}}
	end case;
		case s is
		　　when "00" => z <= c(0);
		　　when "01" => z <= c(1);
		　　when "10" => z <= c(2);
		　　when "11" => z <= c(3);
		　　when others => z <= c(0);
		end case;

for 语句	for 标识符 in 范围 loop
	　　{{顺序语句;}}
	end loop;
		zv := x(1);
		for i in 2 to 4 loop
		　　zv := zv and x(i);
		end loop;
		z <= zv;

赋值运算符	:=(变量) <=(信号)	z := z + x(i); count <= count + 1;
Port map	实例名 元件名 port map 　　(端口关联列表);	M1: mux21a port map(　　a => c(0), b => c(1), 　　s => s(0), y => v);

附录 B

Nexys 3 开发板

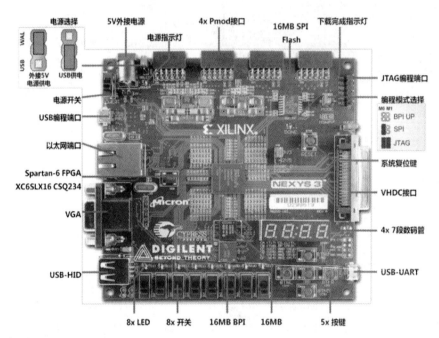

1. 电源

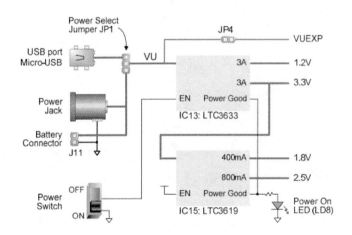

2. RAM 接口

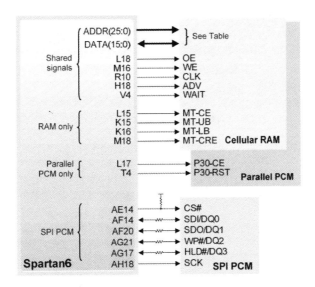

Nexys3 Memory Bus Signal Assignments

Address Bus						Data Bus			
ADDR25:	F15	ADDR16:	G13	ADDR7:	H15	DATA15:	T8	DATA6:	T3
ADDR24:	F16	ADDR15:	E16	ADDR6:	H16	DATA14:	R8	DATA5:	R3
ADDR23:	C17	ADDR14:	E18	ADDR5:	G16	DATA13:	U10	DATA4:	V5
ADDR22:	C18	ADDR13:	K12	ADDR4:	G18	DATA12:	V13	DATA3:	U5
ADDR21:	F14	ADDR12:	K13	ADDR3:	J16	DATA11:	U13	DATA2:	V14
ADDR20:	G14	ADDR11:	F17	ADDR2:	J18	DATA10:	P12	DATA1:	T14
ADDR19:	D17	ADDR10:	F18	ADDR1:	K17	DATA9:	P6	DATA0:	R13
ADDR18:	D18	ADDR9:	H13	ADDR0:	K18	DATA8:	N5		
ADDR17:	H12	ADDR8:	H14			DATA7:	R5		

3. PHY 接口

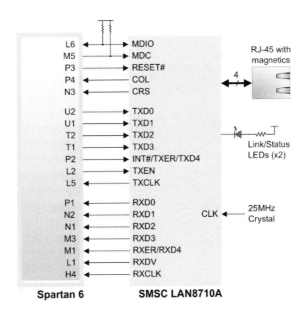

4. USB-UART 桥接口

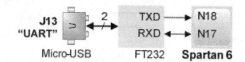

5. USB-HID 接口

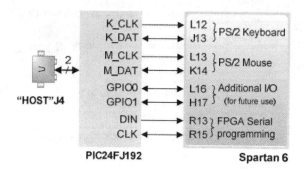

6. VGA 接口

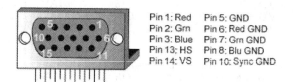

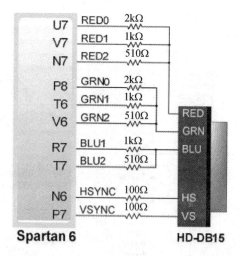

7. 发光二极管和数码管接口

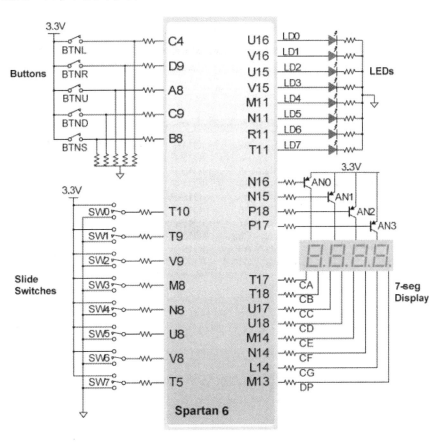

8. PMOD 接口

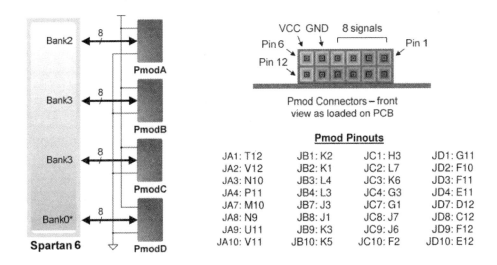

9. VHDC 接口

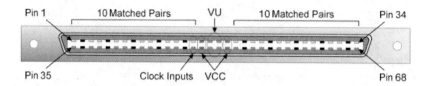

VHDC Connector Pinout

IO1-P:	B2	IO1-N:	A2	IO11-P:	C10	IO11-N:	A10
IO2-P:	D6	IO2-N:	C6	IO12-P:	G9	IO12-N:	F9
IO3-P:	B3	IO3-N:	A3	IO13-P:	B11	IO13-N:	A11
IO4-P:	B4	IO4-N:	A4	IO14-P:	B12	IO14-N:	A12
IO5-P:	C5	IO5-N:	A5	IO15-P:	C13	IO15-N:	A13
IO6-P:	B6	IO6-N:	A6	IO16-P:	B14	IO16-N:	A14
IO7-P:	C7	IO7-N:	A7	IO17-P:	F13	IO17-N:	E13
IO8-P:	D8	IO8-N:	C8	IO18-P:	C15	IO18-N:	A15
IO9-P:	B9	IO9-N:	A9	IO19-P:	D14	IO19-N:	C14
IO10-P:	D11	IO10-N:	C11	IO20-P:	B16	IO20-N:	A16

参 考 文 献

[1] 顾斌，赵明忠，姜志鹏，等．数字电路 EDA 设计[M]．西安：西安电子科技大学出版社，2003．

[2] 王诚，吴继华，范丽珍，等．Altera FPGA/CPLD 设计(基础篇)[M]．北京：人民邮电出版社，2005．

[3] 黄正瑾，等．CPLD 系统设计技术入门与应用[M]．北京：电子工业出版社，2003．

[4] Altera Corporation. MAXⅡ Device Handbook. 2009.

[5] Xilinx Corporation. Virtex-5 FPGA User Guide. 2010.

[6] Xilinx. The Spartan-II Family Data Sheet. San Jose USA. Xilinx. 2000.

[7] Lattice Semiconductor Corporation. ispLEVER Quick Start Guide. 2009.

[8] 徐志军，徐光辉．CPLD/FPGA 的开发与应用[M]．北京：电子工业出版社，2002．

[9] 王道宪．CPLD/FPGA 可编程逻辑器件应用与开发[M]．北京：国防工业出版社，2004．

北京大学出版社高职高专电子信息系列规划教材

序号	书号	书名	编著者	定价	出版日期
电子信息类					
1	978-7-301-12384-3	电路分析基础	徐 锋	22.00	2010.3 第 2 次印刷
2	978-7-301-19639-7	电路分析基础(第 2 版)	张丽萍	25.00	2012.9
3	978-7-301-11566-4	电路分析与仿真教程与实训	刘辉珞	20.00	2007.2
4	978-7-301-19310-5	PCB 板的设计与制作	夏淑丽	33.00	2011.8
5	978-7-301-21147-2	Protel 99 SE 印制电路板设计案例教程	王 静	35.00	2012.8
6	978-7-301-18520-9	电子线路分析与应用	梁玉国	34.00	2011.7
7	978-7-301-12387-4	电子线路 CAD	殷庆纵	28.00	2012.7 第 4 次印刷
8	978-7-301-12390-4	电力电子技术	梁南丁	29.00	2010.7 第 2 次印刷
9	978-7-301-17730-3	电力电子技术	崔 红	23.00	2010.9
10	978-7-301-12182-5	电工电子技术	李艳新	29.00	2007.8
11	978-7-301-19525-3	电工电子技术	倪 涛	38.00	2011.9
12	978-7-301-18519-3	电工技术应用	孙建领	26.00	2011.3
13	978-7-301-22546-2	电工技能实训教程	韩亚军	22.00	2013.6
14	978-7-301-22923-1	电工技术项目教程	徐超明	38.00	2013.8
15	978-7-301-12392-8	电工与电子技术基础	卢菊洪	28.00	2007.9
16	978-7-301-17569-9	电工电子技术项目教程	杨德明	32.00	2012.4 第 2 次印刷
17	978-7-301-24506-4	电子技术项目教程(第 2 版)	徐超明	40.00	2014.7
18	978-7-301-17712-9	电子技术应用项目式教程	王志伟	32.00	2012.7 第 2 次印刷
19	978-7-301-22959-0	电子焊接技术实训教程	梅琼珍	24.00	2013.8
20	978-7-301-12173-3	模拟电子技术	张 琳	26.00	2007.8
21	978-7-301-17696-2	模拟电子技术	蒋 然	35.00	2010.8
22	978-7-301-13572-3	模拟电子技术及应用	刁修睦	28.00	2012.8 第 3 次印刷
23	978-7-301-12391-1	数字电子技术	房永刚	24.00	2009.7
24	978-7-301-18144-7	数字电子技术项目教程	冯泽虎	28.00	2011.1
25	978-7-301-13575-4	数字电子技术及应用	何首贤	28.00	2008.6
26	978-7-301-19153-8	数字电子技术与应用	宋雪臣	33.00	2011.9
27	978-7-301-20009-4	数字逻辑与微机原理	宋振辉	49.00	2012.1
28	978-7-301-12386-7	高频电子线路	李福勤	20.00	2013.8 第 3 次印刷
29	978-7-301-20706-2	高频电子技术	朱小祥	32.00	2012.6
30	978-7-301-18322-9	电子 EDA 技术(Multisim)	刘训非	30.00	2012.7 第 2 次印刷
31	978-7-301-14453-4	EDA 技术与 VHDL	宋振辉	28.00	2013.8 第 2 次印刷
32	978-7-301-22362-8	电子产品组装与调试实训教程	何 杰	28.00	2013.6
33	978-7-301-19326-6	综合电子设计与实践	钱卫钧	25.00	2013.8 第 2 次印刷
34	978-7-301-17877-5	电子信息专业英语	高金玉	26.00	2011.11 第 2 次印刷
35	978-7-301-23895-0	电子电路工程训练与设计、仿真	孙晓艳	39.00	2014.3
36	978-7-301-24624-5	可编程逻辑器件应用技术	魏 欣	26.00	2014.8

相关教学资源如电子课件、电子教材、习题答案等可以登录 www.pup6.cn 下载或在线阅读。

扑六知识网(www.pup6.com)有海量的相关教学资源和电子教材供阅读及下载(包括北京大学出版社第六事业部的相关资源),同时欢迎您将教学课件、视频、教案、素材、习题、试卷、辅导材料、课改成果、设计作品、论文等教学资源上传到 pup6.com,与全国高校师生分享您的教学成就与经验,并可自由设定价格,知识也能创造财富。具体情况请登录网站查询。

如您需要免费纸质样书用于教学,欢迎登录第六事业部门户网(www.pup6.com.cn)填表申请,并欢迎在线登记选题以到北京大学出版社来出版您的大作,也可下载相关表格填写后发到我们的邮箱,我们将及时与您取得联系并做好全方位的服务。

扑六知识网将打造成全国最大的教育资源共享平台,欢迎您的加入——让知识有价值,让教学无界限,让学习更轻松。

联系方式:010-62750667、xc96181@163.com、pup_6@163.com,欢迎来电来信。